CCTV10
百家讲坛
LECTURE ROOM

U0668594

水浒智慧 2

赵玉平 著

电子工业出版社
Publishing House of Electronics Industry
北京·BEIJING

图书在版编目（CIP）数据

水浒智慧 . 2/ 赵玉平著 . —北京：电子工业出版社，2024.1

ISBN 978-7-121-45887-3

Ⅰ．①水…　Ⅱ．①赵…　Ⅲ．①人生哲学－通俗读物　Ⅳ．① B821-49

中国国家版木馆 CIP 数据核字（2023）第 119138 号

责任编辑：张　冉
特约编辑：胡昭滔
印　　刷：三河市君旺印务有限公司
装　　订：三河市君旺印务有限公司
出版发行：电子工业出版社
　　　　　北京市海淀区万寿路 173 信箱　邮编：100036
开　　本：720×1000　1/16　印张：13.5　字数：207 千字
版　　次：2024 年 1 月第 1 版
印　　次：2025 年 3 月第 7 次印刷
定　　价：69.00 元

凡所购买电子工业出版社图书有缺损问题，请向购买书店调换。若书店售缺，请与本社发行部联系，联系及邮购电话：（010）88254888，88258888。

质量投诉请发邮件至 zlts@phei.com.cn，盗版侵权举报请发邮件至 dbqq@phei.com.cn。

本书咨询联系方式：（010）88254439，zhangran@phei.com.cn，微信号：yingxianglibook。

大道理从小事情讲起，
大本领从小事情做起

现代人该如何快速高效学习传统文化？我想推荐一种有趣的方法——"小说导入法"，就是从"四大名著"入手，去学习和理解文化理念与人生智慧。曾经在一个教育论坛上，有位家长私下里跟我说，看到孩子在诵读传统文化经典，自己感觉有点惭愧，因为有些内容自己也没学过，也不太了解，就暗下决心要加强学习，跟孩子共同进步。但是由于工作忙时间紧，连着下了两次决心，都没有付诸行动。现在的情况就是确实知道学习传统文化很重要，但是又不知道从哪儿入手比较好。类似的问题在总裁班的课堂和MBA的课堂上也有不少同学提出，大家感觉传统文化确实很重要，应该加强学习，但是时间紧、任务重、压力大，并且传统文化内容多、体量大，有一种"老虎吃天——无从下口"的感觉。所以大家能看到，在我们这个文化自信、文化振兴的时代，"如何快速高效地学习传统文化"确实是一个我们每个人都可能会面临的挑战性问题。

我觉得学传统文化从入门到登堂入室的过程中有两件事一定要做好：第一件事就是做好诵读。时间一般可选在早晨或晚上，早晨刚刚醒来，就相当于我们的大脑刚刚开机；晚上睡觉之前相当于大脑要整理系统碎片，要进行一夜的休眠，在这两个时间段安排诵读，印象深且效果好。另外，诵读不仅能加强记忆，而且能提升热情、开启智慧、加深理解。现代教育学家和心理学家对诵读过程对人脑的意义进行了深刻的研究，有很多非常棒的结论。"大声诵读"这件事情看起来简单，其实不然。曾国藩在写给儿子的家书当中反复强调诵读的意义和价值，并且语重心长地说，这样的学习方式可以通神明、动鬼神。一般来说，朗朗上口的经典文本都适合诵读。拿我个人的经验来说，诵读过的文本包括《三字经》《百家姓》《千字文》《千家诗》《唐诗三百首》《龙文鞭影》《增广贤文》《幽梦影》《菜根谭》等，这些文本都非常好。

第二件事就是做好解读。学到的知识只有通过深入解读，才能变成自己的智慧和能力。在解读方面，就可以使用上面提到的"小说导入法"。总有人说小说是虚构的，从虚构的东西中能学到什么道理呢？其实恰恰因为虚构，我们才能学到更多的东西。我们对小说的理解就是"源于生活、高于生活、概括生活、总结生活"，这里存在着一个虚构的真实性问题。大家看看历史，人名地名都是真的，但很多事情是假的。在历史当中存在着大量的美化、包装和删改，甚至含糊其词、张冠李戴、故弄玄虚；而小说就完全不同，人名地名虽然都是假的，但很多事情背后的道理都是真的。比如我们解读过的《三国演义》和《水浒传》，里边的一些人物和事件都是虚构的，但是呈现出的道理和规律却是实实在在、真实鲜活的。再比如《西游记》里我们反复强调的"角色认同"问题、"人岗匹配"问题、"工作节奏"问题、"管好身边人"的问题，以及"多样化团队的管理"问题，这些都是非常有现实意义的。

在解读过程当中有两个关键词不可忽视：一个是"筛选"。比如有人看《水浒传》，看到很多打打杀杀的血腥场面，看到很多负面的、负能量的东西。很显然，任何事物都不是完美的，有价值的东西和没价值的东西往往是并存的，这个时候就需要做一些筛选。我们一定要"去粗取精、去伪存真、去邪归正"。另一个关键词是"分析"。在解读过程中，不能靠经

验和直觉，必须有知识体系和认知框架，以及一些理论工具。我们在解读
经典作品的时候，一直使用的三大理论工具就是管理学、心理学和博弈
论。正所谓"工欲善其事必先利其器""手巧不如家什妙"。借助这些理论
工具，我们就能对传统作品有更深入的理解。总而言之，"小说导入法"是
我们当代人快速高效学习传统文化的一个非常有效的途径，这个方法简约
而不简单，通俗而不庸俗，非常值得一试。

从2014年开始，我在央视百家讲坛连续主讲了"解读水浒智慧"的系
列节目，一共有四部。本书呈现的就是系列节目第二部的全部内容，后期
又做了一些调整和充实。第一版的时候本书的内容是和第一部内容合编在
一起的。考虑到体系的完整、阅读的方便和内容的独立性，这一次将这四
部分别拿出来进行加工、完善之后重新出版。

这本书中的很多内容都是我在高效课堂教学过程中讲过的。走上讲台
成为一名教师，已经有20年的时间了，就在这几天有几位刚刚走上教师岗
位的年轻人，希望我能给分享一下这方面的成功经验。"成功"二字不敢
当，但经验还真有一点儿。

我记得以前有一位年轻教师曾经抱怨这样的事情，他说自己练了演
讲，也练了朗诵，每次上课的内容准备得都非常充分，输出过程也能做到
声情并茂，但是不知道为什么，同学们就是不爱听。我就跟他说，你遇到
的问题跟慷慨激昂、语气语调、声情并茂的关系都不大。我给他的建议就
是：要在呈现方式上找突破口。他不太理解什么是呈现方式的突破口，我
就给他讲了我们领导力课程开篇的时候讲到的几件小事。比如讲到中华文
化，我会以用筷子吃饺子这件事做例子；讲到管理模式，我会以斗地主或
下象棋为例子进行分析。并不是从抽象到抽象泛泛而谈，而是利用一些生
动、具体的例子，通过看得见、摸得着的一些眼前的小事，带领大家去感
悟那些大道理。

在讲道理的时候，光是嗓音洪亮、激情饱满是不够的，一定还要有生
动有趣、充满生活气息的小例子，而且首先要准备的就是发生在日常生活

当中的、自己身边的小例子。要积累这样的材料，就要做一个有心人，不仅要观察生活、融入生活、记录生活，而且要发自内心地热爱生活。不仅要用眼睛去观察，而且要用心去感受、去领悟。在用心积累这些身边小事的同时，还要用心积累另一种材料，就是那些在典籍当中流传下来的生动有趣的小故事。在这方面大文豪冯梦龙已经给我们做了示范，他非常用心地把历史上发生的1000多件有趣的小事分门别类进行整理，写成一部著作《智囊》。通过这些有趣的小故事，我们可以悟透很多大道理。所以总结起来就是一句话：大道理要往小事情上讲。

我们大家都要做有心人，不仅要观察小事情，揣摩小事情，而且要认认真真做好自己身边的每一件小事情。在课堂上，我们反复强调富兰克林有"美德十三条"，曾国藩有"日课十二条"，我们九思书院有"每天五个一"，在小事情上持之以恒的行动和日复一日的磨炼，是一个人得以成长和进步的关键所在。一个人综合素质的提升，无论是智力因素还是非智力因素，都和日常小事息息相关，密不可分，正所谓"小习惯，大素质；小训练，大成长"。

在我们的生活中存在这种现象，大家对某个人的表现非常期待，而他自己也很有信心，不过每到关键时刻他就会经不住考验，总是掉链子。为什么会在这样的人身上发生这种事情呢？原因很简单，就是他平时在小事上缺乏磨炼，所以到关键时刻就经不住考验。能做大事是能力，会做小事是功力，攒够了功力才能有经得住考验的能力。我在小小讲台上已经耕耘了20多年，也算是取得了一点点的进步，要是讲到经验或体会的话，可以浓缩成一句话，"大道理从小事情讲起，大本领从小事情做起"。

20多年以来，我在各种场合讲过很多次《水浒传》，阅读这本书的时候，最能引发我兴趣的，就是分析水泊梁山团队多样化的人际关系，揣摩宋江是如何带团队、如何当领导的。这部分内容，在之前出版的《水浒智慧1》以及本书当中都有细致的分析。从总体上看，我认为在人和人的交

往过程中，有三句话可以成为总的原则和框架：

（1）从文化上讲，就是"己所不欲，勿施于人"。这句话里包含着移情能力，包含着换位思考，包含着情商。你自己扛不住的事，也不要强迫别人去扛；你自己接受不了的东西，也不要试图让别人去接受。当然了，我觉得这句话里边还包含着众生平等、恻隐之心、慈悲之心。我们应该同情弱者、保护弱者，因为如果我们自己是弱者，我们也不愿意被别人欺负。这种同情心是价值观的起点。

（2）从博弈上讲，就是"一报还一报"。博弈论领域的学者们在电脑上进行了大规模的仿真研究，就是想研究一个问题：在长时间多次的重复博弈当中，究竟有没有最佳的或者说占有优势地位的策略？研究发现，在长时间多次重复博弈的过程中，确实存在这样的策略，就是"一报还一报"。简单来讲，这个策略包含三个要点：第一个是宽容，不管你过去对我怎样，你现在对我好，我就可以对你好；第二个是报复，不管你过去对我有多好，现在你要伤害我，那么你必须承担后果、付出代价；第三也是最重要的就是预判，当我们遵循"一报还一报"这个原则的时候，对你好的人能预判到自己会得到好处；对你坏的人也能预判到自己不会有什么好结果。这种鲜明的结果预判会成为大家的共识，从而防范风险，把人际关系引导到好的方向上去，我们经常说的"朋友来了有好酒，豺狼来了有猎枪"就是这个意思，我们确实很善良，但是我们的善良有锋芒，我们的善良有底线。

（3）从心理上讲，就是"先同步后进步"。人跟人是不一样的，需求层次有高低，性格特点有不同，我们在讲需求层次论的时候提出过一个观点，就是"低层需求不可忽略，高层需求不可强求"。沟通的过程要进行心理连接，要尝试去了解对方的兴趣爱好、脾气禀赋，了解对方的认知模式、态度倾向及价值观，在这种了解的基础上才能决定下一步双方的关系朝哪个方向发展。就比如职场上的一个同事，我们只有跟他建立心理连接，达成心理同步，知道他的动机需求、兴趣爱好，才能确定双方的交往模式。领导管理员工也是这样，要先跟员工达成心理同步，了解他们的需求动机，掌握他们的能力和态度，下一步才能推动团队进步。很显然，每个人都有属于自己的发展方向和发展道路，只有同步之后才能知道这个人适合朝哪个方向发展。很多家长在教育孩子的过程中急于求成、拔苗助长，以爱的名义做了伤害孩子的事情，这都属于"没有达到同步就要求进步"带来的恶果。以上这三句话确实值得我们在处理人际关系的过程中多多注意。

在写这本书的时候，我常想起听单田芳先生讲评书《水浒传》的场景。"说书唱戏劝人方，三条大道走中央，善恶到头终有报，人间正道是沧桑。武侠小说也好，演义小说也好，有个宗旨就是与人为善，要走正路，别玩那斜的、歪的，那种东西见不得阳光，到头来也是失败告终……"老先生那个抑扬顿挫的声音此刻仿佛在我耳边回荡。听单老的书由来已久了，当初上学的时候我每天都听。记忆里经常是这样的场景：灿烂的阳光从宽大的玻璃窗照进屋里，照在炕头上，窗台上妈妈养的各种花都在开放，小院的果树上刚结了李子和杏，空气中有花香，还有淡淡的果香。妈妈在灶台前在蒸羊肉芹菜馅的大包子，爸爸拿着一份《中国电视报》在认认真真地标注一周的热点节目，他刚泡好的一壶茉莉花茶冒着香气，炕头放着一台老式的收音机，里边正在播放单田芳老先生讲的评书。这个场景太经典了，深深地刻在我的脑子里。

听单老讲评书，不光能听到很多有趣的故事，学到一些语言传播的技巧，还能学到很多做人做事的道理。单老在节目里讲的自己的人生经历和从艺经历都让我很受触动。他讲到自己曾经孤身一人到了长春，没有收入，居无定所，甚至缺少衣食，整整漂泊了4年，最后终于守得云开见月明。单老先生自己说：那个时候我就想，谁死我也不死，活着就是王道！在这段经历中，我们能看到单老热爱生命、坚强勇敢、不屈不挠的生活态度。老爷子把这段经历总结成一个字，就是"熬"。人生路上就是有困难、有挫折、有压力、有挑战。在这种崎岖的山路上顶着暴风雨前进的时候，就必须有一种勇敢面对、不屈不挠、咬牙熬过去的劲头，熬过这段旅程就能苦尽甘来。老先生讲，社会艺人曾经不受尊重，后来的社会地位有所提升了，但是依然要为生计奔忙。有时候在茶社里边说书，场子里只有两三个人，那也得咬着牙声情并茂地讲上半天。单老为了练基本功，每天早晨3点多就爬起来，顶着满天星斗背书练书，就这样日复一日、年复一年下狠心去训练。用老先生自己的话说：在任何一个行业里边，你是光鲜体面还是穷困潦倒，归根到底是看你有没有真本事。只有下苦功夫、下狠心苦练真本事！肚子里有货没名气，想办法出名，听众不叫好，想办法让他们叫好，要是没有这个精神你根本就出不来。"确实啊，人生路不可能是一帆风顺的，总会遇到各种各样的挫折和挑战，甚至会出现那种前途渺茫、困难重重的挑战时刻，在这个时候，一个"熬"字、一个"炼"字就显得特别重要。

我最开始接触媒体是在2005年左右，那个时候在央视录《心理访谈》《快乐汉语》《文明之旅》，在中国教育电视台录《师说》，在北京卫视录《秘境观察》，这些都是大型的访谈节目，需要提前做很多功课。但是最挑战的还是《百家讲坛》，几乎每次准备内容我都绞尽脑汁、通宵达旦，这10年时间里的上百期节目，我熬过了很多艰难的不眠之夜。

本书的内容就是那段时间苦练苦熬的结果，写一本书就像爬一座山，现在站着山顶回看来时路，忍不住有很多感慨，忍不住想起了那些通宵准备的不眠之夜。人的生命是有限的，文化的长河是无限的，有机会把有限的生命投入到无限文化的长河之中，是一件幸运而幸福的事情。在这里要衷心感谢百家讲坛节目组还有电子工业出版社的各位老师，感谢各位给我的帮助指点，还有对我在写作过程中的起起落落、忽快忽慢表现出的包容与理解，感谢我的家人和朋友对我的支持与关爱，每一件难忘的小事都让

我倍感温暖，感谢我带过的本科生和研究生对我的鼓励和认可，与年轻的朋友们在一起，我总能感觉到光，感觉到火焰，希望就在身边，未来就在身边，文化没有走远，历史没有走远……

赵玉平

2023 年 10 月　北京九思书院

目 录

第二部　英雄是怎样炼成的

第二部

英雄是怎样炼成的

在过去,《水浒传》又称《忠义水浒传》。年少时听水浒故事,说书人总强调其"忠义"。实际上,水浒英雄最核心的竞争力在于个人本领——每个人各有特长,各有特点。

当然,梁山英雄的过人之处不仅在于本领,还在于品行。古语有云:权胜才必有其辱,威胜德必有其祸。意思是,有权力的人很危险,因为你的权力对你的才干提出了迫切的要求。如果不具备相应的才干,却掌握了很大的权力,早晚有一天要受羞辱的;一个人高高在上,首先需要有足够的德行作为基础。如果道德低下,却大耍威风、大摆排场,那么早晚要生祸事。一个人显示自己的过人本领,当然要从做成大事入手。但是显示自己的道德修养,则需要在日常小事上下功夫。因此,想有作为的人,大事小事都不能疏忽,一定要尽心去做。

在"英雄是怎样炼成的"这个主题下,我们主要讲《水浒传》中一些重要英雄人物的成长故事,透过他们的点滴言行,发现每个人成长过程中所蕴含的玄机,从中学习经验,吸收值得借鉴的东西。在写作过程中,我会穿插一些管理学、心理学、博弈论的知识。小说虽是虚构的故事,细心的读者却可以从中获得实实在在的真知灼见。

第一讲

舌头的威力比拳头大

有个故事我印象一直很深刻。有一年春天,诗人拜伦在路边遇到一位盲人在乞讨,盲人身边有一牌子写着:自幼失明,沿街乞讨。但给钱的人很少。拜伦觉得盲人很可怜,动了恻隐之心,他拿过牌子给改了几个字:春天来了,可是我看不见!哪里有比看不见春天更痛苦的呢?这一改不要紧,路过的人都纷纷解囊相助。

说话是这个世界上最简单,也是最难的一件事。会说话的人,只言片语也能说服别人;不会说话的人,滔滔不绝却无济于事。一句话可以改变一个人的命运、一句话可以造就一个潮流、一句话可以引发一场战争或者消除一场战争。这就是"舌头"的威力。

梁山好汉第一个出场的是九纹龙史进,在史进的成长故事当中,我们能真切地感受到这种舌头的威力。俗话说"好马出在腿上,能人出在嘴上",梁山好汉不光拳头厉害,舌头也是相当厉害的。这一讲,我们专门讲讲梁山好汉的舌头的威力。

⌘ 细节故事：九纹龙大战跳涧虎

少华山下有一座史家庄，庄主史太公六十多岁年纪，老伴去世得早，家中只有一个独生子，自幼酷爱武术，一天到晚在外使枪弄棍寻师访友，家中上上下下里里外外全靠史太公一人料理。史太公是个热心肠，村上县上谁家有个什么事儿只要能帮得上的，从不推辞。老爷子六十多岁，身体还是很硬朗，精神头十足。这一天晚上，忙完了庄子里里外外的事情，老爷子正要洗洗睡觉，忽然有庄客来报，说有外乡人前来投宿。

宋代的酒店服务业可没有现代这么发达，路人往往要寻找村庄里有接待能力的大户人家投宿。

史太公迎出门外，只见门外是一位白发苍苍的老太太和一个精壮的大汉。大汉自称姓张，和自己的母亲从东京而来，去陕西延安府投亲。贪了几步路程，天黑希望投宿一晚。

其实这个大汉就是京城八十万禁军教头王进，带着自己的老娘躲避高俅的陷害流落到此。

史太公非常热情地把这对母子请进庄里，安排了酒菜，又准备了干净的房间，让他们过夜。不承想第二天老太太旅途劳顿犯了老毛病，这样一来，王进母子就暂时住在了史太公的庄上。

话说有一天，王进到后院喂马，看到空地上有个小伙子正在练武。这小伙儿身高九尺，浓眉大眼，相貌堂堂，头上挽着个发髻，光着膀子，下身一条过膝的大裤衩，腰扎板儿带，手使一根白蜡杆，练得上下飞舞，虎虎生风。最引人瞩目的是小伙子身上绣着九条青龙，煞是好看。用现在话说，整个就是一个"小鲜肉"，而且是"绣花小鲜肉"。

外行看热闹，内行看门道。王进细看之下，终于憋不住了，于是实话实说："这棒也使得好了。只是有破绽，赢不得真好汉。"*正是十八九岁血

---

* 本书中出现的《水浒传》原文均引自中华书局于2005年3月出版的《水浒传》，此版本由李永祜在容与堂版本的基础上整理而成。本书中引用原文的文字用法与当今流行汉字使用标准略有出入，编辑时遵照原文，未作改动。下文不再提示。

气方刚的年龄，爹娘都管教不了，王进的话对史进的刺激空前巨大。史进听得大怒，喝道："你是甚么人，敢来笑话我的本事！俺经了七八个有名的师父，我不信倒不如你，你敢和我权一权么？"史进暴跳如雷，引来了史太公，他又向父亲"告状"说："巨耐这厮笑话我的棒法。""这厮"二字不是什么好话，大概是"这小子""这家伙""这东西"的意思，含着蔑视。史太公听得王进说对枪棒"颇晓得些"时，便要儿子来拜师，但史进哪里肯拜，反是"心中越怒"："阿爹休听这厮胡说！"王进是有肚量、有涵养的八十万禁军教头，对史进盛气凛凛的逼迫与辱骂也不生气。在史太公的一再央求下，他去枪架上拿了一条棒，"只一缴"，史进便"扑地望后倒了"。史进心服口服，爬起来拿来凳子请王进坐了便拜："师父，没奈何，只得请教。"自此，史进"每日求王教头点拨"，十八般武艺从头学起，最终成了武林高手。

我们都听说过一句话，初生牛犊不怕虎。年轻人有点本领之后特别容易气盛，不知深浅，自视甚高，史进可谓典型。就仿佛我们今天那些名校毕业的大学生，自以为才高八斗，学富五车，满肚子墨水，就可以傲视一切。结果他们走向社会后才发现有各种漏洞、不适应和不明白，大学学到的本事有时还真的是"赢不得真好汉"，还得虚心学习，真心接受"再教育"，以免到处碰壁。

俗话说，山里有虎天上的鹰知道，水里有鳄水边的熊知道。英雄盯着英雄，好汉看着好汉。九纹龙史进的名声一来二去就传到少华山落草的三个英雄耳朵里。少华山上有三位英雄，神机军师朱武、跳涧虎陈达和白花蛇杨春。话说这位跳涧虎陈达武艺高强，脾气火爆，听说山下出了一个什么九纹龙史进，陈达很不服气，非要下山和史进比试一下。朱武杨春苦劝不听，陈达点起一彪人马飞奔到山坡下，来到史家庄。史进闻听，披挂上马，带了百十名庄客出庄迎敌。看了史进头戴一字巾，身披朱红甲，上穿青锦袄，下着抹绿靴，腰系皮搭膊，前后铁掩心，一张弓，一壶箭，手里拿一把三尖两刃四窍八环刀。庄客牵过那匹火炭赤马，史进上了马，绰了刀，前面摆着三四十壮健的庄客，后面列着八九十村蠢的乡夫，各史家庄户，都跟在后头，一齐呐喊，直到村北路口摆开。

史进看时，见陈达头戴干红凹面巾，身披裹金生铁甲，上穿一领红衲袄，脚穿一对吊墩靴，腰系七尺攒线绦膊，坐骑一匹高头白马，手中横着丈八点钢矛。小喽罗两势下呐喊，二员将就马上相见。陈达在马上看着史进，欠身施礼。史进喝道："汝等杀人放火，打家劫舍，犯着迷天大罪，都是该死的人。你也须有耳朵，好大胆，直来太岁头上动土！"

陈达在马上答道："俺山寨里欠少些粮食，欲往华阴县借粮，经由贵庄，假一条路，并不敢动一根草。可放我们过去，回来自当拜谢。"史进道："胡说！俺家见当里正，正要来拿你这伙贼。今日到来，经由我村中过，却不拿你，倒放你过去，本县知道，须连累于我。"陈达道："四海之内，皆兄弟也。相烦借一条路。"史进道："甚么闲话！我便肯时，有一个不肯；你问得他肯，便去。"陈达道："好汉教我问谁？"史进道："你问得我手里这口刀肯，便放你去。"陈达大怒道："赶人不要赶上，休得要逞精神！"史进也怒，抢手中刀，骤坐下马，来战陈达。陈达也拍马挺枪来迎史进。两个交马。但见：

一来一往，一上一下。一来一往，有如深水戏珠龙；一上一下，却似半岩争食虎。左盘右旋，好似张飞敌吕布；前回后转，浑如敬德战秦琼。九纹龙忿怒，三尖刀只望顶门飞；跳涧虎生嗔，丈八矛不离心坎刺。好手中间逞好手，红心里面夺红心。

史进、陈达两个斗了多时。只见战马咆哮，踢起手中军器；枪刀来往，各防架隔遮拦。两个斗到间深里，史进卖个破绽，让陈达把枪望心窝里搠来。史进却把腰一闪，陈达和枪撷入怀里来。史进轻舒猿臂，款扭狼腰。只一挟，把陈达轻轻摘离了嵌花鞍，款款揪住了线绦膊，丢在马前受降。那匹战马拨风也似去了。史进叫庄客将陈达绑缚了。众人把小喽罗一赶，都走了。史进回到庄上，将陈达绑在庭心内柱上，等待一发拿了那两个贼首，一并解官请赏。且把酒来赏了众人，教且权散。众人喝采："不枉了史大郎如此豪杰！ ”

🌿 规律分析：如何增加自我控制力

　　陈达不听朱武杨春的劝告，一时冲动，被史进活捉，当了俘虏。

　　很多时候，人们都控制不住自己。有新闻报道，一个人取款取不出来，一冲动把柜员机给砸了。我也遇到一个类似的例子：柜员机亭子里有一个人取款，估计金额不小，柜员机一次就能出两千元，速度还特别慢，一边出款一边提醒：近期网络诈骗比较多，请您不听、不信谣言，不要给陌生账号汇款。

　　外边五六个人排队，估计那个人在里边有十分钟了。后边突然冲上来一个戴眼镜、斜背书包的小伙子，大吼一声：你还有完没完啊！抬起一脚，就踹在那个玻璃门上，就听一声巨响，玻璃门碎了！这种人就属于自我控制力比较差的。

　　研究发现，冲动和一个人的思维模式有关系。什么人容易冲动？缺乏全局思维和长远思维，不能进行抽象思考的人就特别容易控制不住自己。

　　我们安排两组同学做实验，实验内容是在一张白纸上抄写反复出现的数字。抄写前，让第一组同学阅读有关抄写能训练手眼协调性、提高思维效率的文章，让第二组同学阅读有关保持课堂纪律、服从实验老师安排的文章。阅读过后实验开始，大家猜一猜哪组同学在抄写过程中坚持的时间更久一些。是第一组。也就是说，人们在想到整体的意义和价值的时候，就会提高自我控制力。如果只想着眼前的行为方式和行为结果，就会降低自我控制力。

┌─ 智慧箴言 ─┐

　　爱冲动缺乏控制力的人，一般都是只想眼前不想长远、只关注局部不想整体的人。

基于这样的研究，我们给大家一个基本建议，脾气要爆发的时候，请你尝试站在全局高度上想一想自我控制的意义和价值，再想一下爆发的严重后果。一旦这种抽象整体的思维模式建立了，控制力慢慢地就有了。

陈达被史进活捉，难题摆在朱武杨春面前，朱武武功稀松，杨春武功也很面，简称"阳春面"。少华山上最厉害的人物就是跳涧虎陈达，现在最厉害的角色都被人家给活捉了，看来硬拼硬打肯定不行。但是又不能眼睁睁看着兄弟被人家活捉了押送官府。

怎么办呢？休说众人欢喜饮酒，却说朱武、杨春两个，正在寨里猜疑，捉摸不定，且教小喽罗再去探听消息。只见回去的人牵着空马，奔到山前，只叫道："苦也！陈家哥哥不听二位哥哥所说，送了性命！"朱武问其缘故。小喽罗备说交锋一节，怎当史进英勇。朱武道："我的言语不听，果有此祸。"杨春道："我们尽数都去，和他死并如何？"朱武道："亦是不可。他尚自输了，你如何并得他过？我有一条苦计，若救他不得，我和你都休。"

关键时刻还是朱武足智多谋。拳头解决不了的事情，可以用舌头解决。武术办不到的，可以用艺术办到。朱武的策略有以下三个。

一、感动策略：无法用力量撼动的，就用感情打动

东方朔救乳母的故事

汉武帝的奶妈曾经在外面犯了罪，武帝将要按法令治罪，奶妈去向东方朔求救。东方朔说："皇上残忍且固执任性，别人求情，反而死得更快。你临刑时，千万不要说话，只可连连回头望着皇帝，我会想办法。"奶妈进来辞行时，东方朔也陪侍在皇帝身边，奶妈照东方朔所说频频回顾武帝。东方朔在武帝旁边说："你还不赶快离开！皇上现在已经长大了，难道还会想起你喂奶时的恩情吗！"武帝虽然固执任性，心肠刚硬，但是也不免引起

深切的依恋之情，就悲伤地怜悯起奶妈了，立刻下令免了奶妈的罪过。

在局面比较被动的时候，可以使用感情手段。力量上不占优势，感情上占了优势一样可以掌握主动权。

杨春问道："如何苦计？"朱武付耳低言，说道："只除恁地。"杨春道："好计！我和你便去，事不宜迟。"

再说史进正在庄上，忿怒未消，只见庄客飞报道："山寨里朱武、杨春自来了。"史进道："这厮合休！我教他两个一发解官。快牵过马来。"一面打起梆子，众人早都到来。史进上了马，正待出庄门，只见朱武、杨春步行已到庄前，两个双双跪下，擎着两眼泪。史进下马来喝道："你两个跪下如何说？"

史进本来是准备拼死一战的，结果发现朱武和杨春双双下跪，擎着眼泪。各位，这个"擎着"用得好，不是含着，不是挂着，是噙着，就是说眼睛里已经充满了眼泪，将要流出来，还没有流出来，虽然没有流出来，又马上就要流出来。这个劲儿太极致了！

史进面对两个下跪的眼泪男，哪里还能使出劲来，他也放下了武器，解除了武装，自己主动跳下马来。说明他也不准备再打了。朱武的感动策略初战告捷！

二、类比策略：用可以理解的事物去说明不容易理解的事物

说出来动人，看上去很美。类比说服的威力巨大。

晏子使楚的故事

晏子使楚的故事里有一个生动的类比说法家喻户晓。晏子来到楚国，楚王请晏子喝酒，喝得正高兴的时候，两名小官员绑着

一个人来到楚王面前。楚王问道："绑着的人是做什么的？"公差回答说："他是齐国人，犯了偷窃罪。"楚王看着晏子问道："齐国人本来就善于偷东西吗？"晏子离开座位回答道："我听说这样一件事：生长在淮河以南地区的就是橘树，生长在淮河以北地区的就是枳树，只是叶子相像罢了，果实味道却不同。这是什么原因呢？是因为水土地方不相同啊。老百姓生长在齐国不偷东西，到了楚国就偷东西，莫非楚国的水土使百姓善于偷东西吗？"

我也遇到过类似的情况。有人很激动地对我说，你看看，总讲传统文化中的那些封建时代的人物和故事，就是要替封建时代招魂，让大家都成为那些封建知识分子。这个问题要辩驳起来很麻烦，很容易掉进对方的陷阱里。

我们就运用类比的方式反问他：

——剧团里表演封建帝王的故事就是为了让观众都当皇帝吗？

——公安大学讲犯罪心理学，《今日说法》讲案件和犯罪嫌疑人，是在让我们都成为罪犯吗？

——电视里《动物世界》讲北极熊的故事，就是让我们大家都成为北极熊吗？

——暑假寒假年年都播《西游记》，请问这难道是号召全国青少年儿童都带上一头猪、一只猴，剃了光头往西走吗？

运用这种类比的方式，就可以生动形象且迅速地讲清道理，展示自己，说服别人。我们来看看朱武是怎么运用类比的。

朱武哭道："小人等三个，累被官司逼迫，不得已上山落草。当初发愿道：'不求同日生，只愿同日死。'虽不及关、张、刘备的义气，其心则同。今日小弟陈达不听好言，误犯虎威，已被英雄擒捉在贵庄。无计恳求，今来一径就死。"

朱武很巧妙地寻找了一组榜样人物——三国里的刘关张三兄弟，这三个人是史进的榜样，朱武告诉史进，这三个人也是他们的榜样。这实际上就是在告诉史进，我们是一类人，我们所崇拜的英雄都是一样的。通过这样的暗示，朱武拉近了和史进的心理距离。

接着朱武又告诉史进，我们的义气好比刘关张桃园三结义。他们求的是同生共死，我们也是一样的。刘关张三个人是当时英雄好汉们的榜样和楷模啊，所以这一段哭诉的潜台词就是：我们相当于刘关张，你若是对我们下狠手，就等于对英雄好汉刘关张下狠手，那你就不算个英雄好汉。这样就增加了史进下狠手的风险成本。既拉近了距离，又抑制了对手下狠手，朱武的类比策略可以说一箭双雕。

三、承诺一致策略：用表扬代替要求，以暗示启动模式

先讲讲承诺一致策略的威力。由于工作比较忙、工作量比较大，所以我现在很少再替别人写文章出谋划策或者帮助修改了，但是不久之前我破例又为别人修改书稿了。

前不久，一个读MBA的学生跟我联系，说想到北京专程来拜访我。我们约在一个茶楼见面，一起来的还有他的两个朋友。他当众跟我说，老师您是我在学生时代遇到的最好的老师，您给了我好多支持，对我的人生产生了特别大的影响，所以我想当面向您表示感谢。他的朋友也说了好些恭维的话，把我说得飘飘的。

聊了一会儿以后，他拿出了一份书稿，说老师这是我写的一本书，但是内容上还有点儿不太完善，很想向您请教一下，您帮我看看吧。后来的事情大家可以想到，我很高兴地放下了自己的事情，用了一天时间帮他修改了书稿。那么大家想一下：是什么力量让我做了原本自己不愿意做的事情？奥妙就在于他当着那几个朋友的面向我表示了感谢，给我戴了一顶"对他帮助最大的老师的帽子"。于是我接受了这个荣誉，我帮助他的这种行为模式就被启动了，我就顺其自然地给了他帮助。所以，我有一个行为建议。

智慧箴言

不是先请别人帮忙再表示感谢，而是先表示感谢、深深地感谢，然后再请他帮忙。

类似的方法还有，要让小孩做一件事，先给他一些表扬或者给他一个荣誉，这样他做那件事就会做得很好。比如说，想让他吃饭，就先夸他，我们宝宝吃饭最认真了，从来不东张西望，从来都不浪费，这样一来他就会乖乖吃饭了。年轻的家长和老师们，真得学会这种用表扬和荣誉推动孩子们进步的方法。

智慧箴言

管理学的建议就是：用表扬代替直接且生硬的要求，以暗示启动行为模式。

朱武就把这个招数给史进用上了。

朱武说："今日小弟陈达不听好言，误犯虎威，已被英雄擒捉在贵庄。无计恳求，今来一径就死。望英雄将我三人一发解官请赏，誓不皱眉。我等就英雄手内请死，并无怨心。"史进听了，寻思道："他们直恁义气！我若拿他去解官请赏时，反教天下好汉们耻笑我不英雄。自古道：'大虫不吃伏肉。'"

大家注意，朱武连续用了三个英雄来赞扬史进。史进一高兴，就接纳了这个英雄的头衔，于是他的英雄模式就被启动了。英雄模式下的史进就想，我是英雄，他们都是弱者。英雄要保护弱者，欺负弱者是无耻的，会被天下人耻笑。他们今天已经低头认输了，我无论如何不可以再欺负他们。到此为止，史进已经完全放弃了和朱武杨春为仇作对的想法。

朱武不愧为神机军师，使用三个简单有效的沟通策略，就化敌为友，化干戈为玉帛。这正是《孙子兵法》上说的"不战而屈人之兵"。能由外交部解决的事情，就不用国防部去解决。

为保证万无一失，朱武又运用了一次欲擒故纵的技巧，让史进再一次做出口头承诺。

朱武、杨春并无惧怯，随了史进直到后厅前跪下，又教史进绑缚。史进三回五次叫起来，那两个那里肯起来。惺惺惜惺惺，好汉识好汉。史进道："你们既然如此义气深重，我若送了你们，不是好汉。我放陈达还你如何？"朱武道："休得连累了英雄，不当稳便。宁可把我们去解官请赏。"史进道："如何使得！你肯吃我酒食么？"朱武道："一死尚然不惧，何况酒肉乎？"当时史进大喜，解放陈达，就后厅上座置酒设席，管待三人。朱武、杨春、陈达拜谢大恩。酒至数杯，少添春色。酒罢，三人谢了史进，回山去了。史进送出庄门，自回庄上。

朱武巧妙运用沟通策略解救了陈达。史进和少华山的三位英雄由彼此对立变成了和平共处，所谓不打不相识。不过现在，他们的关系还仅仅停留在相识共处的水平上，离朋友二字还差得很远。记得我们前面讲刘备的时候说过，什么是朋？同利为朋。什么是友？同心为友。现在朱武他们和史进的关系，既没有达到同利的程度，也没有达到同心的程度。如何进一步加深和史进的交往，让这个少年英雄真正成为少华山好汉的朋友，大家一起齐心协力闯天下呢？朱武又动了一番心思，想出了新的办法。那么史进最终能否放弃万贯家财聚义少华山呢？我们下一讲接着说。

第二讲

冲动朋友慢慢交

之前听过一个段子，说某企业招聘检查员，什么样的人都不要，仅限处女座。完美主义和挑剔成为大家黑处女座的主要理由。不知道大家是不是相信星座，其实这都是心理小游戏，不必太当真。不过，生活中确实有那些特别爱挑剔的人。一般来说，自我感觉不好的会采用两个策略，要么总是挑剔别人，要么总是挑剔自己。所以爱挑剔的人都是缺乏自我肯定又爱冲动的人。

每个人都需要生活在自我肯定的状态当中。一个人一旦失去了自我肯定，就会出现行为上的某些倾向，除了爱挑剔，还有一个特点，就是不会拒绝别人：每次面对别人请求的时候，要么是粗暴地回绝，要么是心里不愿意也会稀里糊涂接受，事后又特别懊悔、特别自责。即使想拒绝的时候，执行起来都特别艰难、特别迟疑。那个状态就是：明明不接受，却不会张嘴说不，迟疑了半天说一句："你先走吧，我想静静。"明明不接受，你想静静干什么呢？这样一来二去，耽误了自己，也耽误了别人。

锻炼自信心，掌握拒绝的技巧，肯定自己的同时，也不轻易否定别人，这是非常重要的一项社会技能。九纹龙史进作为一个成长中的年轻人，也遇到了类似的问题。首先，他社会经验不多，缺乏足够的交流技巧；其次，面对沟通难题的时候，他缺乏自我肯定，往往用比较冲动鲁莽的方式表达想法。那么要想和这样的人交朋友，应该怎么做呢？今天我们就讲一讲在梁山好汉九纹龙史进和神机军师朱武的交往过程中，朱武是怎样运用和谐的沟通技巧，和史进这个动不动就使蛮劲的愣头青交朋友的。

细节场面：中秋之夜起祸端

自从史进和朱武结识之后，史家庄一直太平无事。时间过得很快，不知不觉就到了中秋佳节。史进当日分付家中庄客，宰了一腔大羊，杀了百十个鸡鹅，准备下酒食筵宴。

……且说少华山上朱武、陈达、杨春三个头领，分付小喽啰看守寨栅，只带三五个做伴，将了朴刀，各跨口腰刀，不骑鞍马，步行下山，径来到史家庄上。史进接着，各叙礼罢，请入后园。庄内已安排下筵宴。史进请三位头领上坐，史进对席相陪。便叫庄客把前后庄门拴了，一面饮酒，庄内庄客轮流把盏，一边割羊劝酒。酒至数杯，却早东边推起那轮明月，但见：

桂花离海峤，云叶散天衢。彩霞照万里如银，素魄映千山似水。一轮爽垲，能分宇宙澄清；四海团圆，射映乾坤皎洁。影横旷野，惊独宿之乌鸦；光射平湖，照双栖之鸿雁。冰轮展出三千里，玉兔平吞四百州。

史进正和三个头领在后园饮酒，赏玩中秋，叙说旧话新言。只听得墙外一声喊起，火把乱明。史进大惊，跳起身来，分付："三位贤友且坐，待我去看。"喝叫庄客不要开门，撅条梯子，上墙打一看时，只见是华阴县县尉在马上，引着两个都头，带着三四百士兵，围住庄院。史进和三个头领只管叫苦。外面火把光中，照见钢叉、朴刀、五股叉、留客住，摆得似麻林一般。两个都头口里叫道："不要走了强贼！"

话说史进和朱武他们三个中秋赏月本来是悄悄进行的，并没有声张，这些县里的官兵是怎么得到消息前来抓人的呢？

这件事情，要从史进身边一个长随说起。正所谓祸起于萧墙之内。老百姓常说的是，没有家贼就引不来外鬼。史进身边的这个长随名叫王四，有一个绰号唤作赛伯当。

这里的伯当就是隋唐演义里的瓦岗英雄王伯当。王伯当外号勇三郎，是隋唐第一神射手，曾箭射潼关大帅魏文通、虹霓关大帅新文礼。他对李密忠心耿耿，一直追随左右，最后和李密一起被射死于断密涧。这个王四外号叫赛伯当，说明他也是像王伯当追随李密一样追随在九纹龙史进左右。事情都坏在这个赛伯当的身上。

荏苒光阴，时遇八月中秋到来，史进要和三人说话，约至十五夜来庄上赏月饮酒。先使庄客王四赍一封请书，直去少华山上，请朱武、陈达、杨春来庄上赴席。王四驰书径到山寨里，见了三位头领，下了来书。朱武看了大喜。三个应允，随即写封回书，赏了王四五两银子，吃了十来碗酒。王四下得山来，正撞着如常送物事来的小喽罗，一把抱住，那里肯放。又拖去山路边村酒店里，吃了十数碗酒。王四相别了回庄，一面走着，被山风一吹，酒却涌上来，浪浪跄跄，一步一撷。走不得十里之路，见座林子，奔到里面，望着那绿茸茸莎草地上，扑地倒了。原来撮兔李吉，正在那山坡下张兔儿，认得是史家庄上王四，赶入林子里来扶他，那里扶得动。只见王四腌臜里突出银子来，李吉寻思道："这厮醉了，那里讨得许多！何不拿他些？"也是天罡星合当聚会，自是生出机会来。李吉解那腌臜，望地下只一抖，那封回书和银子都抖出来。李吉拿起，颇识几字，将书拆开看时，见上面写着少华山朱武、陈达、杨春，中间多有兼文带武的言语，却不识得，只认得三个名字。李吉道："我做猎户，几时能够发迹？算命道我今年有大财，却在这里！华阴县里见出三千贯赏钱，捕捉他三个贼人。叵耐史进那厮，前日我去他庄上寻矮丘乙郎，他道我来相脚头踩盘。你原来倒和贼人来往！"银子并书都拿去了，望华阴县里来出首。

却说庄客王四一觉直睡到二更，方醒觉来，看见月光微微照在身上。王四吃了一惊，跳将起来，却见四边都是松树。便去腰里摸时，腤膊和书都不见了。四下里寻时，只见空腤膊在莎草地上。王四只管叫苦，寻思道："银子不打紧。这封回书却怎生好！正不知被甚人拿去了？"眉头一纵，计上心来，自道："若回去庄上，说脱了回书，大郎必然焦躁，定是赶我出去。不如只说不曾有回书，那里查照。"计较定了，飞也似取路归来庄上，却好五更天气。

史进见王四回来，问道："你如何方才归来？"王四道："托主人福荫，寨中三个头领都不肯放，留住王四吃了半夜酒，因此回来迟了。"史进又问："曾有回书么？"王四道："三个头领要写回书，却是小人道：三位头领既然准来赴席，何必回书？小人又有杯酒，路上恐有些失支脱节，不是耍处。"史进听了大喜，说道："不枉了诸人叫做赛伯当，真个了得！"王四应道："小人怎敢差迟，路上不曾住脚，一直奔回庄上。"史进道："既然如此，教人去县里买些果品案酒伺候。"

王四误事的发生固然有王四自己的问题，同时九纹龙史进用人失察也是一个不容忽视的原因。领导在选身边工作人员的时候，一方面要看他做事情的效率和经验，另一方面还要看他的人品性格，总以忠诚厚道、表里如一为好。史进只盯着王四如何办事了，没有关注他如何为人这个问题。这个一把手身边负责传递信息、进行外事联络的职位，史进居然安排了一个好酒贪杯、不拘小节、两面三刀、表里不一的人。

除了错用王四，史进作为一个带头人，还犯了另一个错误，就是在岗位安排上缺乏足够的经验和眼光。就像和少华山打交道，传递信息、进行外事联络这么重要的工作，安排两个人比较好。

这叫双人临事，重要任务安排两个人一起完成，可以互相提醒，取长补短，即使做事情的质量效率没有提高，出于防范风险的原因，也应该安排两个人。因为按照博弈论的思路，安排两个人有一个重要的好处：一旦出了问题，领导可以得到真实情况，下属不会隐瞒，而安排一个人是有可

能隐瞒的。

工四因为醉酒丢失了信件，为了防止被处罚就选择了隐瞒。本来犯了错误，如实汇报还可以弥补，这一隐瞒不要紧，就错失了弥补的机会，导致了中秋之夜，猎户李吉通风报信，引来都头和士兵偷袭包围史家庄。

大敌当前难免一战，史进收拾了家中金银细软，一把火烧了庄园，带领庄客和朱武、陈达、杨春三个好汉一起杀出庄来，斩杀了李吉和两个都头，杀散了官兵，来到少华山上。

看看上一回史进的态度，我们可以知道，史进对上山落草这个事情并不认同，他学会武艺之后的第一件大事，就是组织团练民兵，准备和少华山落草的好汉开战。那么史进是如何从山大王的对手变成山大王的盟友的呢？他还会更进一步成为落草的山大王吗？我们来简单分析一下。第一个问题就是，朱武是怎么把史进从外人变成自己兄弟的？

🌀 规律分析：启动互惠模式把对手变成盟友

其实，朱武和史进的交往过程，就是一个非常经典的行为学案例，展示了人际关系的一些基本规律。朱武拉近和史进的关系所使用的方法就是互惠策略，我们来看看他是怎么做的。

（1）送金子。过了十数日。朱武等三人收拾得三十两蒜条金，使两个小喽罗，趁月黑夜送去史家庄上。当夜初更时分，小喽罗敲门，庄客报知史进。史进火急披衣，来到门前，问小喽罗："有甚话说？"小喽罗道："三个头领再三拜复，特地使小校送些薄礼，酬谢大郎不杀之恩。不要推却，望乞笑留。"取出金子递与。史进初时推却，次后寻思道："既然送来，回礼可酬。"受了金子，叫庄客置酒，管待小校。吃了半夜酒，把些零碎银两赏了小校回山去了。

（2）送珠子。过又过半月有余，朱武等三人在寨中商议，掳掠得一串好大珠子，又使小喽罗连夜送来史家庄上。史进受了，不在话下。

（3）史进回送锦袍。又过了半月，史进寻思道："也难得这三个敬重我，我也备些礼物回奉他。"次日，叫庄客寻个裁缝，自去县里买了三匹红锦，裁成三领锦袄子；又拣肥羊煮了三个，将大盒子盛了，委两个庄客去送。史进庄上，有个为头的庄客王四，此人颇能答应官府，口舌利便，满庄人都叫他做赛伯当。史进教他同一个得力庄客，挑了盒担，直送到山下。小喽罗问了备细，引到山寨里，见了朱武等。三个头领大喜，受了锦袄子并肥羊酒礼，把十两银子赏了庄客。每人吃了十数碗酒，下山回归庄内，见了史进，说道："山上头领多多上复。"

（4）从不来往，到经常来往，关系出现了新常态。史进自此常常与朱武等三人往来，不时间只是王四去山寨里送物事，不则一日。寨里头领也频频地使人送金银来与史进。

┌─ 智慧箴言 ─┐

　　互惠原理的威力在于，即使一个交往不深或者不受欢迎的人，如果先施予一点小恩惠然后再提要求，也会大大提高对方答应这个要求的可能性。

比如，在筹款募捐之前，给人们发送小礼品或者鲜花等物品，人们掏钱的可能性大大增加。如果在顾客结账的时候给他们一点薄荷口香糖之类的糖果，也可以明显地增加小费的金额。

一般来说，生意人发现，在收到一件礼物或获得一份优惠之后，顾客们有可能会购买他们本来会拒绝的商品或服务。所以，街边卖水果的会鼓励你尝尝，特别是大枣、葡萄之类方便品尝的。我观察过，一般人尝了之后都会买一点，而且男性顾客尝了以后购买的可能性更高。商家会经常用免费赠品或者免费试用品来锁定潜在客户。

在日常交往中，小礼物威力无穷，能起到四两拨千斤的作用。管理者经常在各种场合送核心员工一些小礼物，会显著提高员工的满意度和忠诚度，降低跳槽的可能性。另外，请客吃饭也是一种有效的互惠策略。

所以俗话说，吃人家嘴短，拿人家手短。我们提醒大家，在重要的商务谈判过程中，在最终的内容没有确定之前，最好不要收人家礼物、接受饭局的邀请，因为一旦收了人家的小礼物或者一起吃了饭，互惠机制被启动了，谈判的实力就会在无形之中下降，有可能不知不觉做出让步。

史进和少华山的三个头领中秋赏月，半夜里被官兵包围，史进火烧史家庄刀劈县衙都头，冲杀出来之后带着百十号庄客上了少华山。接下来，史进会在少华山上入伙吗？朱武使用了以下两个方法。

方法一：运用让步策略，引导对方的选择

在少华山上一连过了几日，史进寻思："一时间要救三人，放火烧了庄院。虽是有些细软，家财粗重什物尽皆没了。"心内踌躇，在此不了，开言对朱武等说道："我的师父王教头，在关西经略府勾当，我先要去寻他，只因父亲死了，不曾去得。今来家私庄院废尽，我如今要去寻他。"朱武三人道："哥哥休去，只在我寨中且过几时，又作商议。如是哥哥不愿落草时，待平静了，小弟们与哥哥重整庄院，再作良民。"

很明显，朱武是希望史进留在少华山寨里的，而史进自己是不愿意的。

双方都不愿意直接把话挑明。史进的说法是我要去找我师父。朱武就顺着史进的话说，目前条件不成熟，风声又紧，还是先不要去，而且做了第一次让步——不要去不是不去，而是往后推一推，等过些日子咱们再商量。

看史进脸色不好，朱武接着做了第二次让步：如果哥哥不愿意落草，没有关系，我出钱出人给你重整庄园再做良民。朱武运用的沟通技巧是很经典也很常用的。

智慧箴言

　　我们要否定对方的想法时，不要直接否定，而是不断提出让步，不断提出新建议，引导对方放弃原来的想法。

　　比如我有一个学生考上北京邮电大学之后，觉得不甘心，还想回去再复读一年，非要考清华大学。于是课也不上，班级活动也不参加，成天在宿舍里憋着退学回老家。

　　我代表老师和家长给他做思想工作。

　　我做了三次让步，提了三个新建议，就把他的思想工作做通了。

　　建议一：不习惯现在的专业，可以申请转专业嘛。对中国古代管理思想感兴趣，可以跟着赵老师学呀。赵老师还有免费的九思书院，你可以每周来听课，《三国演义》《水浒传》、经史子集等，计划、组织、领导、管理知识都有的。

　　建议二：回老家再复习一年就一定能保证考上清华大学吗？退一步讲，就算能考上，那也是北邮这一年的时光白费了，回老家还要再复习一年，耽误了接近两年的青春。人生苦短，青春时光就这么耽误了岂不可惜？真的相信自己的实力，那可以发奋努力考研究生嘛。再考一个理想的学校不就行了。

　　建议三：真的一定要上清华大学吗？很多成功的人、幸福的人，没有上清华大学也一样很好。条条大路通罗马，何苦非要钻牛角尖走独木桥呢。你看看赵老师，没有机会上清华大学，但是我现在可以在清华大学讲课了；不在清华大学当学生，没关系，我们可以立志去清华大学当老师嘛。人生一定要向前看，不能总盯着过去的一点遗憾，总想走回头路。希望在未来，光明在未来，千万不要为了过去的一些小失落，耽误了前进的脚步。就这样，这个学生被我说服了。

　　不过史进不像我的学生这么听劝，他比较固执。朱武就这么苦口婆心地劝，史进也不为所动。

史进道："虽是你们的好情分，只是我今去意难留。我想家私什物尽已没了，再要去重整庄院，想不能勾。我今去寻师父，也要那里讨个出身，求半世快乐。"朱武道："哥哥便只在此间做个寨主，却不快活？只恐寨小，亦堪歇马。"

面对史进的坚持，朱武做了第三次让步。朱武说，哥哥你要讨出身，求半世快活，可以啊，不用远去延安府，在我这山寨里就可以，我让位您来做寨主，这就可以很风光很快乐啦。何必舍近求远呢，我说到做到，明天我就让位给您。朱武真的是一片诚心想把史进留下来，话已经说到这个份儿上，史进真的再也找不到其他借口离开少华山了。

方法二：避免镜子效应，为将来见面留余地

人跟人的交往存在一种基本的方式，就是你怎么对待我，我就怎么对待你。就仿佛是一面镜子，这一面什么样，那一面就什么样。这边是鲜花和微笑，那边也是鲜花和微笑；这边是拳头，那边也是拳头。

看过一个微信签名：我只爱爱我的人。这就是典型的镜子效应。

不过有些时候，镜子效应需要谨慎使用。比如说，对于一个没有什么经验或者技巧，又比较鲁莽冲动的人，他冲动我们不能冲动，他鲁莽我们不能鲁莽。所谓"做事留一线，日后好相见"，如果双方都缺乏克制把话说绝，那将来再想发展和改进就没有余地了。所以，一个有理性的人，如果面对一个鲁莽冲动没有经验的人，会尽量避免采用对方的说话方式。

史进就是这样一个缺乏社会经验、沟通上比较冲动和随意的人。

我们先来看看他是怎么冲动任性的。前面讲到，朱武不是劝史进留在少华山上嘛！大家看看史进是怎么说的。史进道："我是个清白好汉，如何肯把父亲遗体来点污了。你劝我落草，再也休题。"

各位看看，这也太不会聊天了。

朱武好心好意想留史进，史进却说：俺是清白好汉，留在少华山就是玷污了父亲的遗体。那等于在说，眼前的朱武、陈达、杨春，个个都是不清白的，他们都是玷污了父亲遗体的。这话说得太重了。

我们揣摩一下就可以知道，史进是真的不想留下，但是朱武前边的让步策略实在威力巨大，史进实在没办法拒绝了，一着急就把心里的实话说出来了。可以看出，史进还是年轻没有经验，在拒绝别人的时候，缺乏技巧和回旋余地。

关于拒绝的基本技巧，我给大家准备了一个《韩非子》里记载的"盆水杀人"的故事。

∾ "盆水杀人"的故事

齐中大夫有夷射者，御饮于王，醉甚而出，倚于郎门。门者刖跪请曰："足下无意赐之余沥乎？"夷射曰："叱去！刑余之人，何事乃敢乞饮长者？"刖跪走退，及夷射去，刖跪因捐水郎门霤下，类溺者状。明日，王出而诃之曰："谁溺于是？"刖跪对曰："臣不见也。虽然，昨日中大夫夷射立于此。"王因诛夷射而杀之。

齐国有一位中大夫名叫夷射，他参加国王举行的宴会，醉得很厉害便出来了，倚靠在廊门之上。看门人刖跪请求说："大人能不能给点喝剩下的酒水？"夷射说："滚开！受过刑的残障人，怎么敢向长者讨酒喝？"刖跪赶快离开了，等到夷射走后，刖跪便在廊门口倒上接屋檐水槽中的水，（看上去就）像撒了尿一样。第二天，国王出门便呵责刖跪道："谁在这里撒尿？"刖跪回答道："我没看见。虽然没看见，但昨天中大夫夷射在这里站过。"国王因此斥责夷射并杀了他。

夷射就属于拒绝别人的方式太过简单粗暴不留余地，最后招致了杀身之祸。夷射之死的根本原因是他缺乏拒绝别人的方法。

在拒绝别人的时候，应该使用三个基本策略：一是承认对方的要求合理，承认自己有帮忙的意愿；二是讲明白现在条件不允许，不能帮对方是有苦衷的；三是给对方提出建议，指一个合理的出路。拒绝别人一定要给对方出路。

根据这个思路，夷射可以跟看门人说，老哥哥你看门也不容易，这酒要能给你我肯定会给你喝的，但是有皇封王命，没有办法给你，不过明天你可以到我府上来，我悄悄给你，或者说以后有机会我再给你。大家想，夷射拒绝的时候如果采取这样的方式，就肯定不会引来杀身之祸了。

有经验有办法的人情绪是稳定的，话说出来也没有那么难听。史进也是一个没有沟通经验的，他在拒绝上比较鲁莽，说得也比较难听。不过朱武是有着丰富经验和宽广胸怀的，他并没有和史进计较。来日方长不计较眼前的只言片语，是为给将来的发展留余地。

冲动的人被眼前感受驱动，理性的人受将来结果引导。

好来好走好聚好散嘛，既然执意要走，那就走吧。史进带去的庄客都留在山寨。只自收拾了些少碎银两，打拴一个包裹，余者多的尽数寄留在山寨。史进头戴白范阳毡大帽，上撒一撮红缨，帽儿下裹一顶混青抓角软头巾，项上明黄缕带，身穿一领白纻丝两上领战袍，腰系一条查五指梅红攒线绦膊，青白间道行缠绞脚，衬着踏山透土多耳麻鞋，跨一口铜铍磬口雁翎刀，背上包裹，提了朴刀，和朱武等人在山前洒泪分别，一个人前往陕西延安府。

史进这一走千山万水，路途艰辛，不过到了延安府却没有寻到师父王进。那个年代通信不发达，找个人太难了，不像现在，在群里喊一嗓子，就把人喊出来了。甚至都不用喊名字，只要在微信上说一句"某人快出来，我想你了"，那个人也会出来。史进没有任何信息手段，就这么误打误撞去寻人，无异于大海捞针。不过虽然没有寻到师父，史进在陕西延安府却遇到了一位惊天动地的大英雄。改变史进人生的有三个关键人物，一个是师父王进，一个是少华山的朱武，另一个就是这位隐身在延安府的英雄好汉。那么这个人是谁，他的出现又会引发什么样的精彩故事呢？我们下一讲接着说。

第三讲

江湖儿女爱任性

有一个词叫任性。经常听到的表达就是：有钱就是这么任性，美女就是这么任性，心情好就是可以这么任性，长得帅就是可以这么任性。有人还用我的观点跟我探讨说，孙悟空就是本事大，所以他就可以拍桌子瞪眼睛闹辞职，甚至到上级领导那里汇报本级领导的作风问题，他不就是"有本事就可以任性"的经典例子吗？其实我想提醒大家注意看一个事实，孙悟空的头上货真价实地戴着一个紧箍，他要是出格的话，师父就念紧箍咒箍他的脑袋。所以孙悟空的成功恰恰证明了有本事的人要想成功，他就不能任性。这一讲我们就谈一谈梁山好汉任性的问题，所以这一讲叫"江湖儿女爱任性"。

细节故事：九纹龙初遇鲁提辖

上次我们说到九纹龙史进离了少华山，取路投关西五路，望延安府路上来……免不得饥餐渴饮，夜住晓行。独自一个，行了半月之上，来到渭州。"这里也有经略府，莫非师父王教头在这里？"史进便入城来看时，依然有六街三市。只见一个小小茶坊，正在路口。史进便入茶坊里来，拣一付坐位坐了。茶博士问道："客官吃甚茶？"史进道："吃个泡茶。"茶博士点个泡茶，放在史进面前。史进问道："这里经略府在何处？"茶博士道："只在前面便是。"史进道："借问经略府内有个东京来的教头王进么？"茶博士道："这府里教头极多，有三四个姓王的，不知那个是王进。"道犹未了，只见一个大汉大踏步竟入来，走进茶坊里。史进看他时，是个军官模样。怎生结束？但见：

头裹芝麻罗万字顶头巾，脑后两个太原府纽丝金环，上穿一领鹦哥绿纻丝战袍，腰系一条文武双股鸦青绦，足穿一双鹰爪皮四缝干黄靴。生得面圆耳大，鼻直口方，腮边一部貉髟胡须。身长八尺，腰阔十围。

那人入到茶坊里面坐下。茶博士便道："客官要寻王教头，只问这个提辖便都认得。"史进忙起身施礼，便道："官人请坐拜茶。"那人见了史进长大魁伟，象条好汉，便来与他施礼。两个坐下，史进道："小人大胆，敢问官人高姓大名？"那人道："洒家是经略府提辖，姓鲁，讳个达字。敢问阿哥，你姓甚么？"史进道："小人是华州华阴县人氏，姓史名进。请问官人，小人有个师父，是东京八十万禁军教头，姓王名进，不知在此经略府中有也无？"鲁提辖道："阿哥，你莫不是史家村甚么九纹龙史大郎？"史进拜道："小人便是。"鲁提辖连忙还礼，说道："闻名不如见面，见面胜似闻名。你要寻王教头，莫不是在东京恶了高太尉的王进？"史进道："正是那人。"鲁达道："俺也闻他名字。那个阿哥不在这里。洒家听得说，他在延安府老种经略相公处勾当。俺这渭州，却是小种经略相公镇守。那人不在这里。你既是史大郎时，多闻你的好名字，你且和我上街去吃杯酒。"鲁提辖挽了史进的手，便出茶坊来。鲁达回头道："茶钱洒家自还你。"茶博士应道："提辖但吃不妨，只顾去。"

请大家注意，这个鲁达的沟通方式里连续三次出现了一个称谓——阿哥。这个阿哥可不是清朝的那个阿哥，这个称谓是对江湖好汉的尊称。

鲁达称呼史进为阿哥，称呼史进师傅王进也为阿哥。理由很简单，史

进一身好功夫，人称九纹龙在江湖上名声在外；而史进的师傅王进能教出这样的好徒弟并且敢得罪高俅也是名声在外。鲁提辖对两个人都十分敬佩，所以连叫了三声"阿哥"。

从这样的沟通方式当中我们可以看出，鲁达不是一个蛮不讲理的人，他的粗鲁和爱发脾气是有对象、有针对性的。只有对那些看不上的人、看不惯的事，他才会使性子发脾气。这一点在鲁达的性格当中是极为重要的，并且成为贯穿他一生的一个基本特征。

上街行得三五十步，只见一簇众人围住白地上。史进道："兄长，我们看一看。"分开人众看时，中间里一个人，仗着十来条杆棒，地上摊着十数个膏药，一盘子盛着，插把纸标儿在上面，却原来是江湖上使枪棒卖药的。史进看了，却认得他，原来是教史进开手的师父，叫做打虎将李忠。史进就人丛中叫道："师父，多时不见。"李忠道："贤弟如何到这里？"鲁提辖道："既是史大郎的师父，同和俺去吃三杯。"李忠道："待小子卖了膏药，讨了回钱，一同和提辖去。"鲁达道："谁奈烦等你，去便同去。"李忠道："小人的衣饭，无计奈何。提辖先行，小人便寻将来。贤弟，你和提辖先行一步。"鲁达焦躁，把那看的人一推一交，便骂道："这厮们挟着屁眼撒开，不去的洒家便打。"众人见是鲁提辖，一哄都走了。李忠见鲁达凶猛，敢怒而不敢言，只得陪笑道："好急性的人。"当下收拾了行头药囊，寄顿了枪棒。

三个人转湾抹角，来到州桥之下，一个潘家有名的酒店。

规律分析：急脾气的奥秘

我们都看到了鲁达鲁提辖的脾气可真是够火爆的。请你吃饭，你必须马上去，稍有迟疑就着急生气，张嘴就喷脏口，抢拳头就要打人。我们身边可能也会遇到这种爱发脾气的人。

其实，研究发现，着急上火爱发脾气是一种认知模式。

生不生气不取决于别人的行为，而是取决于你怎么理解别人的行为。接下来看一个发生在我身边的真实的例子。一个妈妈对我说家里小孩上初中，最近不知道怎么了，特别爱发脾气。我就问她，孩子最近一次发脾气是什么情况。她说就是昨天晚上我问了他一句：作业写完了吗？他就愤怒了，大吼大叫，你烦不烦啊，一遍地问一遍地问！妈妈很委屈地说：我也没说别的，就问了一个作业的事，他就这样大吼大叫，一点也不理解我对他的关心，我觉得心里很难受很伤心。后来经过了解才发现，其实情况是这样的，妈妈想问：儿子你写完作业了吗？

（1）如果说写完了，接下来的话就是既然写完了，还不抓紧干点别的，背背单词看看古文。学习这么没有主动精神，每次都是催催动一动，不催就等着。我和你爸爸在外边辛辛苦苦地工作挣钱供你上学，你就这个学习态度，你对得起谁呀！

（2）如果回答没写完，那接下来就是：没写完还不抓紧写，每次都是磨洋工写得这么慢，催催动一动，我和你爸爸每天在外边辛辛苦苦工作，挣钱供你上学，你就这个学习态度，你对得起谁呀！

当这样的话重复三遍以上之后，孩子的内心就会形成一种认知模式，妈妈每次问作业写完没有，孩子马上就会联想到后边要说的这一系列的话，出于自我保护，他就会出现强烈的情绪反应，就会借助发火愤怒来阻断妈妈接下来的话。

所以引起他愤怒的不是"作业写完了吗？"这句话，而是他对这句话的理解和后续内容的预测。

在此提醒大家，当我们普普通通的一句话引起别人愤怒的时候，我们要静下心来尝试去理解对方，看看对方是不是内心抱有成见，误解了我们的话。

鲁达爱发脾气和他的生活环境、职业特点有直接关系。鲁提辖是一个下级军官，我们可以设想一下他的军队生活，作为一线野战部队，一定是充满了冲突，压力非常大，而他的职业特点一定是以服从命令为最高准则的，强调简单直接，不需要任何人找理由找借口，必须马上落实。

这样的认知模式一旦形成，他对任何人的迟疑找理由，都会非常不满，直接启动发脾气模式。

其实人跟人打交道有三个注意：注意场合、注意对象、注意对方感受。脱离了这三点就会犯鲁莽急躁的错误。我们来分析一下。

（1）注意场合。此时和李忠的交往，不是在部队内部，是在社会上平等的朋友之间。

（2）注意对象。李忠是史进的师父，理应受到足够的尊重，就算是看他不顺眼也应该给史进一个面子。

（3）注意对方感受。李忠是靠打把式卖艺、卖膏药吃饭的，你不让人家收钱就等于砸人家饭碗。为了请人家吃一顿饭就不让人家挣一个月的生活费，这还讲不讲理啊。

所以，我们从鲁提辖跟李忠这个小小的交往的细节就可以看出他为人处世的一个基本状态，就是两个字"任性"。

智慧箴言

人生要有理性，要有感性，最重要的是要有德性，人生可以尽兴，可以随性，但不要任性。

一旦因为自己在身份资源上拥有某种优势，就随心所欲不注意自我约束，想说什么就说什么，想做什么就做什么，那最终的结果就是伤了别人、毁了自己，留下无穷无尽的遗憾。

结合鲁提辖认识九纹龙史进和打虎将李忠这件事情，我们提出一个建议，就是在面临复杂人际关系的时候，一定不能为所欲为，一定要有理性而不要任性，要注意以下三个问题。

问题一：在超级释放当中稳定情绪，降低破坏性

话说三人上到潘家酒楼上，拣个济楚阁儿里坐下。鲁提辖坐了主位，李忠对席，史进下首坐了。酒保唱了喏，认得是鲁提辖，便道："提辖官人，打多少酒？"鲁达道："先打四角酒来。"一面铺下菜蔬果品案酒，又问道："官人，吃甚下饭？"鲁达道："问甚么！但有，只顾卖来，一发算钱还你。这厮只顾来聒噪！"酒保下去，随即荡酒上来，但是下口肉食，只顾将来，摆一桌子。

三个酒至数杯，正说些闲话，较量些枪法，说得入港，只听得隔壁阁子里有人哽哽咽咽啼哭。鲁达焦躁，便把碟儿盏儿都丢在楼板上。酒保听得，慌忙上来看时，见鲁提辖气愤愤地。酒保抄手道："官人要甚东西，分付卖来。"鲁达道："洒家要甚么！你也须认的洒家，却怎地教甚么人在间壁吱吱的哭，搅俺弟兄们吃酒。洒家须不曾少了你酒钱。"酒保道："官人息怒。小人怎敢教人啼哭，打搅官人吃酒。这个哭的，是绰酒座儿唱的父子两人，不知官人们在此吃酒，一时间自苦了啼哭。"鲁提辖道："可是作怪，你与我唤的他来。"

高高兴兴喝酒的时候听到隔壁哭哭啼啼的声音，鲁提辖一下就很生气，忍不住就拍桌子瞪眼摔了盘子。而用摔东西的方式表达自己不满情绪的只有孩子。

生气的时候摔东西属于一种情绪外化的行为。一般来说，任何外化的行为都会使不良情绪扩散和加剧。

〽 "刘邦踢洗脚盆"的故事

史书记载，刘邦攻齐地，就是山东。韩信那时候在燕赵胜利了，于是准备让韩信领着得胜之军横扫齐地。这时候他手下的谋士郦食其出来了，说主公你不用这么费劲，我凭三寸不烂之舌就能说服齐王，让他投降。结果郦食其去了之后，齐王投降了。韩

信一听不高兴了："我这几十万大军解决不了的事，他用舌头就解决了，太没面子了。而且这个功劳是他的，但他可是借助我的力量啊，要没我的大兵压境，他怎么可能说服人家。"所以最后韩信趁着人家没防备，趁着黑天，挥动大军，横扫山东，把齐地就给占领了。齐王一看就急了，指着郦食其说，你骗我，最后把郦食其给烹了。郦食其就这么死了，刘邦心疼至极。到了晚上，刘邦一边洗脚，一边生气。正这个时候，韩信派了大将来，说你给主公送一份文件，另外你要特别关注主公看文件时的反应。下属说，好的。然后把这文件送来了。刘邦打开文件，上边写着韩信申请做假齐王，就是说关于申请做代理山东王的请示。韩信要做假齐王。刘邦当时感觉脑袋里的血直往上冲，违反命令，擅自调动军队，然后杀了那么多的人，还逼死了我的谋士，还想做假齐王？！刘邦站起来，"哐"一脚就把一盆洗脚水踹到地下了。整个过程不到几秒钟。踹的时候，那个送下书的人就眨巴眨巴眼睛，哦，主公是这态度啊。结果，刘邦身边有谋士，张良、陈平在旁边。当时在刘邦后腰上就拧了一把，刘邦聪明，一下就清醒了，我踢的哪是洗脚水啊，我把大汉天下踢丢了。这下属回去跟韩信一说，主公怒了，到时候韩信那边不管是独立，还是倒向项羽，我都完蛋了。在电光石火的一瞬间，刘邦马上就想到了，所以刘邦踢完了之后，保持怒气，点手跟这韩信的下属说："我一直很佩服韩信，我以为他是一个大英雄，英雄敢作敢当，想当就当真齐王，当什么假齐王。而且我觉得我对韩信不错，韩信怎么能不相信我呢？我要任命的肯定是真齐王啊，怎么可能是假齐王呢。他瞧不起我也罢了，瞧不起自己，真让我觉得他不是英雄。你回去告诉他，以后别这样。"回头跟那文书说，来发文件，任命他当真齐王。结果这下属回去之后就说，将军啊，你看主公对你多好！韩信感动得热泪盈眶，所以紧跟着在围歼项羽的战斗中，发挥了巨大作用。怎么样，这大汉江山可以说是从洗脚水中踢出来的吧。我们都知道人要做情绪的主人，不能做情绪的奴隶。

那有人说我就爱生气怎么办？我忍我忍我一忍再忍，其实忍并不是好的解决方案。忍字心上一把刀，忍久了会忍出疾病来。所以我们强调的是化，春风化雨，把不良情绪化掉，不是发泄，而是用内在的力量把它化解掉。具体的方法是：躯体化，放松自己的身体；正常化，理解对方感受；对象化，反观自己的行为；过程化，设置更高目标；超脱化，环境转变注意力转移。

比如刘邦理解了韩信的感受，反思了自己的情绪行为，并且设计了一个更高的目标——得天下，成就事业，而不是在一件事上和下属计较。

一块巨石，站在地上看，它就是庞然大物，可是站在山头看，它就是一个小米粒而已；一滴墨水可以把一杯水染黑，但是如果滴进湖泊里，湖水依旧清澈，而墨水会消失。

智慧箴言

很多时候，不是问题大，而是我们站得不够高；不是痛苦多，而是我们胸怀不够宽。

一定得站得高看得远，站得高就是目标足够远大，看得远就是视野足够广阔。站在成就霸业和拥有天下这样的高度、宽度上看韩信的问题，就能接受他、容忍他。

鲁提辖在自己的生活当中肯定会遇到很多烦恼、痛苦和问题，他常用的方法就是一般人使用的，比如摔东西、拍桌子、训斥比自己地位低的人。我们提醒大家，这些看似常用的方法其实都不是有效的解决方案，而且还有可能会一不小心激化矛盾，使问题更严重。

问题二：在斗争中自我肯定，控制攻击倾向

（1）金氏父女倒苦水。那妇人拭着泪眼，向前来深深的道了三个万福。那老儿也都相见了。鲁达问道："你两个是那里人家？为甚啼哭？"那妇人便道："官人不知，容奴告禀。奴家是东京人氏，因同父母来这渭州投奔亲眷，不想搬移南京去了。母亲在客店里染病身故，子父二人流落在此生受。此间有个财主，叫做镇关西郑大官人，因见奴家，便使强媒硬保，要奴作妾。谁想写了三千贯文书，虚钱实契，要了奴家身体。未及三个月，他家大娘子好生利害，将奴赶打出来，不容完聚。着落店主人家，追要原典身钱三千贯。父亲懦弱，和他争执不得，他又有钱有势。当初不曾得他一文，如今那讨钱来还他。没计奈何，父亲自小教得奴家些小曲儿，来这里酒楼上赶座子。每日但得些钱来，将大半还他，留些少，子父们盘缠。这两日酒客稀少，违了他钱限，怕他来讨时，受他羞耻。子父们想起这苦楚来，无处告诉，因此啼哭。不想误触犯了官人，望乞恕罪，高抬贵手。"

（2）听得镇关西是郑屠的反应。鲁达听了道："呸！俺只道那个郑大官人，却原来是杀猪的郑屠。这个腌臜泼才，投托着俺小种经略相公门下，做个肉铺户，却原来这等欺负人。"回头看着李忠、史进道："你两个且在这里，等洒家去打死了那厮便来。"史进、李忠抱住劝道："哥哥息怒，明日却理会。"两个三回五次劝得他住。

鲁达疾恶如仇、扶危济困、路见不平、拔刀相助，英雄气概让人佩服。不过听完人家女孩儿诉说一点悲伤的往事，就立刻火冒三丈，放下酒杯说，我先去把他打死，回来之后咱们再继续喝。这种简单的暴力攻击倾向也是够令人咋舌的。

我们在生活中经常看到有人表现出某种攻击倾向，特别是如果家有孩子在上幼儿园或者小学的家长，可能会经常遇到这样的烦恼，幼儿园、小学里，总会有一些学生尤其是男孩子喜欢攻击身边的同学，这是为什么呢？

　　研究发现，无论是成年人还是孩子，他们的攻击行为一般可以分为：释放性攻击、模仿性攻击和获得性攻击。

　　（1）释放性攻击。教养方式溺爱或者过分严厉都会导致心理焦虑，为了释放过度的心理压力，就会出现攻击倾向。

　　（2）模仿性攻击。家庭关系紧张，父母经常吵架会导致孩子喜欢发脾气攻击别人。所以我们主张两口子吵架尽量躲着孩子。有人说，我们从来不吵架。不吵其实很难的，牙还咬舌头呢，在一个房檐底下过日子，难免会有种种的矛盾和冲突。有争吵没关系，但是一定要躲着孩子，要关着门吵，轻声地吵，不带脏字地吵，陈述性语气地吵。另外不管怎么吵，男士不可以动手，男人最丢人的一件事就是心情不好，动手打老婆，这是无能的表现。父母是孩子的第一任老师，也是孩子们模仿的对象。我们建议各位父母应该采取更加文明、更加温和的方式处理日常的矛盾冲突。

　　（3）获得性攻击。获得性攻击是指为了占有某种东西或者获得控制感、存在感而发生的攻击。有的孩子的攻击行为是为了增加存在感，获得更多的关注。在家里，基本上是爸爸妈妈、爷爷奶奶、姥姥姥爷六个人围着一个孩子转；一旦到了学校，同学们很多，老师不可能给某一个孩子太多的关注。这样就导致了孩子的心理危机，他就会采取攻击性的行为来强调自己的存在，争取获得更多人的注意。在这种情况下，要想降低孩子的攻击性，方法很简单，只要给他足够的关心、适度的关注，引导他融入眼前的人际关系，和周围的小朋友交朋友，一起做有兴趣的事情。只要他融入这个群体当中，攻击行为自然就会减少。另外，养花种草、参加集体活动也是很好的消除攻击的方式。

　　关于行为，请大家关注以下这句话：

　　┏━ 智慧箴言 ━┓

　　行为是环境的产物，行为是模仿的产物，行为是强化的产物。

所以，好的环境、好的榜样再加上积极的鼓励和积极的人际关系，一定可以让不良的行为得到改善。

鲁达身上的攻击倾向主要属于获得性的攻击，用攻击行为显示力量，增加权威性和控制感。可见鲁达在团队当中，人际关系不是特别和谐。人和人之间的关系比较紧张，就容易爆发冲突。另外，鲁达是一个单身汉，缺乏温暖的家庭，这也是造成他攻击行为的一个主要因素。

大家仔细观察一下就会发现，在我们身边，家庭关系比较温暖和谐的人，他身上的攻击倾向就很少或者没有攻击倾向。美好的感情、人际关系中的幸福感会显著降低一个人的攻击倾向。

公司里会有这种情况，这人看着一副温文尔雅的样子，一遇到事儿就拍桌子，就咬牙切齿的，同事就会得出结论：这种人不是性格扭曲，就可能是家庭生活不幸福。

所以鲁提辖面对不良行为敢于斗争，而且这种自我肯定是让人钦佩的。不过动不动就白刀子进去红刀子出来，大拳头一抡把人打死，这种任性的性格也很让人担忧。

问题三：在热情付出当中增加成就感，注意冷静分析

听完了金氏父女的悲惨遭遇，鲁达非常豪爽地掏出钱来要资助这两个素昧平生的人。鲁达又道："老儿，你来。洒家与你些盘缠，明日便回东京去如何？"父子两个告道："若是能勾得回乡去时，便是重生父母，再长爷娘。只是店主人家如何肯放？郑大官人须着落他要钱。"鲁提辖道："这个不妨事，俺自有道理。"便去身边摸出五两来银子，放在桌上，看着史进道："洒家今日不曾多带得些出来，你有银子借些与俺，洒家明日便送还你。"史进道："直甚么，要哥哥还。"去包裹里取出一锭十两银子，放在桌上。鲁达看着李忠道："你也借些出来与洒家。"李忠去身边摸出二两来银子。鲁提辖看了，见少，便道："也是个不爽利的人。"鲁达只把

这十五两银子与了金老，分付道："你父子两个将去做盘缠。一面收拾行李。俺明日清早来发付你两个起身，看那个店主人敢留你！"金老并女儿拜谢去了。

经常有人会问这样的问题，这件事一点好处没有，还倒贴钱，他为什么会这么热情地去做呢？很多人在做公益做慈善奉献他人的时候，都会被问到这个问题。

其实很简单，按照马斯洛的需求层次理论，满足自己属于底层需求，满足他人就属于高层需求。高层需求给人们带来的幸福感往往更强。

索取带来的满足叫快乐，付出带来的满足叫幸福。所以一个人如果想体验幸福，是不能离开"付出"两个字的。

鲁提辖在做慈善成全他人的时候，尽管脾气有点急、性子有点猛，但是他粗中有细，表现出了相当冷静的品质，这一点还是很让人佩服的。

一是冷静地确认金老汉的身份和事件当事人的身份。

鲁提辖又问道："你姓甚么？在那个客店里歇？那个镇关西郑大官人在那里住？"老儿答道："老汉姓金，排行第二。孩儿小字翠莲。郑大官人便是此间状元桥下卖肉的郑屠，绰号镇关西。老汉父子两个，只在前面东门里鲁家店安下。"

二是冷静地判断店小二的行为，提前采取预防措施。为了防止店小二去追赶，一向暴躁的鲁达，竟在店门口"坐了两个时辰"，"约莫金公去的远了，方才起身"。

鲁提辖粗中有细的性格让人印象深刻。另外，我们对施耐庵塑造这个人物的时候使用的这种精彩的笔法也十分钦佩。这个人物不是简单的脸谱化、概念化，而是有矛盾、有反差，让人感觉很丰满、很真实。

妥妥帖帖地安顿了金氏父女之后，等于放下了后顾之忧，鲁提辖抖擞精神大踏步前往西门来找伤天害理、欺压良善的恶人郑屠。正所谓善有善报恶有恶报，鲁提辖会怎样狠狠教训这个抢男霸女、欺压良善的恶人呢？我们下一讲接着说。

第四讲

小人作恶两张脸

大家注意，小孩子喜欢凭相貌贴标签，一般都会说，妈妈这个叔叔像好人，妈妈那个问路的像坏人。在孩子单纯的思维世界里，好人都有一个标准的样子。好人都是英俊潇洒的，好人都是一团和气的，不过现实世界复杂得多，行善的好人一般都没那么顺眼，而作恶的坏人看起来往往也没那么凶恶。比如这个霸占金翠莲的镇关西，在鲁达面前根本没有一点霸道相，反而是一副笑脸，客客气气的。如何对付这种善恶两张脸、善于伪装的小人呢？我们看看鲁达的办法。

细节故事：戏耍郑屠

且说郑屠开着两间门面，两副肉案，悬挂着三五片猪肉。郑屠正在门前柜身内坐定，看那十来个刀手卖肉。鲁达走到门前，叫声："郑屠！"郑屠看时，见是鲁提辖，慌忙出柜身来唱喏道："提辖恕罪。"便叫副手撷条凳子来，"提辖请坐。"鲁达坐下道："奉着经略相公钧旨，要十斤精肉，切做臊子，不要见半点肥的在上头。"郑屠道："使得，你们快选好的切十斤去。"鲁提辖道："不要那等腌臜厮们动手，你自与我切。"郑屠道："说得是，小人自切便了。"自去肉案上拣了十斤精肉，细细切做臊子。那店小二把手帕包了头，正来郑屠家报说金老之事，却见鲁提辖坐在肉案门边，不敢拢来，只得远远的立住在房檐下望。这郑屠整整的自切了半个时辰，用荷叶包了，道："提辖，教人送去？"

大家看看，这个人举止客气态度低调，一点也看不到蛮横不讲理的痕迹。在大家的眼睛里，他就是一个客客气气、规规矩矩卖肉的生意人，哪里能看到一点点抢男霸女的痕迹。

规律分析：小人两张脸

所以，大家注意，小人都长两张脸。你看《西游记》，小妖精都是本地产的，老妖精都是天上来的，妖精在菩萨面前都是温文尔雅的，但是面对凡人就青面红发、锯齿獠牙、面目凶恶。这就叫身边恶人两张脸，一张脸伪装自己，另一张脸欺负别人。见不同的人说不同的话，对强者一个样子，对弱者是另一副样子。每天都在玩一个绝活，就是变脸。刚刚咬牙切齿，转眼就笑逐颜开。

说到两张脸，我想起一个经典故事"镜花缘里的两面国"。两面国人都长着两张脸，一张在前，一张在后；一张善良随和，一张凶狠阴险。两面国人常把笑脸露出，这笑脸自然也是他们的正脸。而他们脑后往往用"浩然巾"遮着，因为这里面藏着一张恶脸。这些人都虚伪狡诈，往往是先前还对你笑呵呵的，头一扭便是一张恶脸对着你了。此外，在两面国待到一定的时间，普通人也会拥有第二张脸。所谓浩然巾，是指一种明代男子盛行戴的、背后有长大披幅的头巾，相传因唐代孟浩然所戴而得名。

这种两张脸的小人都具有极大的欺骗性和隐蔽性，那真是笑里藏刀蜜里下毒，微笑着取人性命。因此，平时我们要防备三种人。

一是名声不好还特贴心的人。群众的眼睛是雪亮的，一个人的名声不好，他肯定有问题，可是为什么他在你面前就这么顺眼呢？这说明他会欺骗，你看他顺眼，你就已经中招了。妖精遇到孙悟空都是面貌狰狞露出本相的，但是为什么妖精看到唐三藏的时候就表现出温文尔雅、清秀漂亮的样子呢？原因就是她想吃唐三藏的肉。一个小人在你面前表现得特别温顺，说明他对你动心思了，如果你看他非常顺眼的话，可能就离倒霉不远了。

二是不守规矩、善于投机取巧但人缘特好的人。这种人往往能用小恩小惠收买人心，用谦虚低调蒙蔽一些不明真相的人。最终使用非正常手段，达到满足个人私欲的目的。领导一旦要处理他，一些不明真相的群众反而会不理解，甚至会对领导有意见。

三是背后说别人坏话，但当面与对方非常友善的人。这种人善于颠倒黑白搬弄是非，往往还具有一定的舆论影响力。为了达到个人目的，他们会挖空心思捏造事实，使用非正常手段刺探他人隐私，最终达到打击别人、抬高自己、控制局面的目的。

对于郑屠这样欺软怕硬、善于伪装、两面三刀的恶棍，应该怎么办？让我们来看看鲁达的方式。

方式一：引蛇出洞让对手露出本来面目

俗话说一个巴掌拍不响，两个人如果都强硬，那动手很容易；如果一个人非常客气，另一个人就很难出手。特别是鲁达这样的大英雄，在众目睽睽之下，怎么能上来就打笑脸相迎的人呢？

所以人际冲突中存在一种锤子砸棉花的现象，用大锤子砸木头，咔嚓一下，木头就断了，因为木头很硬；用大锤子砸棉花，咔嚓一下，锤子就断了，因为棉花是软的。日常的人际关系当中，柔软策略是一个很有效的防御方法。

比如以前我当秘书的时候，一个部门的领导对着我拍桌子吼道：赵玉平你什么意思，我和你没完！我乐呵呵地跟他说：别生气，有话慢慢说，您年龄上是长辈，职务上是领导，您要没完没了，我就得不见不散。别人和你吹胡子瞪眼睛，你只要面带微笑不生气，那就占据了主动，特别是旁边的人都会支持你。

两口子过日子也是这样，夫妻吵架时，谁使用柔软策略谁就能占主动。尤其提醒各位男同志，不要总和老婆针锋相对，凡事喜欢刨根问底，一定要学会示弱和道歉。柔软策略是非常有效的。

郑屠披着谦和伪善的外衣，一副恭恭敬敬的样子。在众目睽睽之下，鲁提辖这个大铁锤还真没办法砸到他这个软软的棉花枕头上。鲁达要教训这个恶棍，必须引蛇出洞，想办法激怒他，让他撕下伪善的面具。鲁达是什么人？老江湖啊，那办法多极了。接下来，戏要郑屠的好戏就上演了。

鲁达道："送甚么！且住，再要十斤都是肥的，不要见些精的在上面，也要切做臊子。"郑屠道："却才精的，怕府里要裹馄饨。肥的臊子何用？"鲁达睖着眼道："相公钧旨分付洒家，谁敢问他。"郑屠道："是。合用的东西，小人切便了。"又选了十斤实膘的肥肉，也细细的切做臊子，把荷叶来包了。整弄了一早辰，却得饭罢时候。那店小二那里敢过来，连那正要买肉的主顾也不敢拢来。郑屠道："着人与提辖拿了，送将府里去。"鲁达道："再要十斤寸金软骨，也要细细地剁做臊子，不要见些肉在上面。"郑屠笑道："却不是特地来消遣我。"鲁达听罢，跳起身来，拿着那两包臊子在手里，睖着看着郑屠说道："洒家特的要消遣你！"把两包臊子劈面打将去，却似下了一阵的肉雨。郑屠大怒，两条忿气从脚底下直冲到顶门，心头那一把无明业火，焰腾腾的按纳不住，从肉案上抢了一把剔骨尖刀，托地跳将下来。至此引蛇出洞激怒郑屠的任务完成了。

鲁达通过切肉来激发郑屠的怒火，引诱他爆发，接近两个小时，前后切了三十斤肉。关键是一开始很合理，切瘦的，估计是要包饺子做馄饨；接下来有点不合理，切肥的，但是也说得过去；最后终于亮出了第三个不合理要求，切寸金软骨。一步一步引着郑屠上道，诱发他的火气，他越切火越大，到最后就会露出狰狞的本来面目。如果一开始就提出要寸金软骨，那效果可能就没这么好了。这就是循序渐进激发火气。

人际关系的一个基本规律是，上来就提不合理要求的人不招人恨，最招人恨的是，一开始提合理要求，你答应了，做着做着，他开始过分，开始不讲理了。这时候你才发现，以前的那些努力都是开玩笑，都白做了，你能不生气吗？一看郑屠动了真气，露出凶相，鲁达发现情况差不多了，可以准备动手了。

方式二：大造声势给下狠手展示理由

鲁提辖早拔步在当街上。众邻舍并十来个火家，那个敢向前来劝，两边过路的人都立住了脚，和那店小二也惊的呆了。一场恶斗就此拉开序幕。

为什么有的时候我们要对那些看起来顺眼，能哄我们开心的人下狠手呢？这样的人真的有那么可恨吗？我们先讲一个小故事，是刘元卿《贤奕编·警喻》里的一则寓言《黠猱媚虎》。

《黠猱媚虎》的寓言

兽有猱，小而善缘，利爪。虎首痒，辄使猱爬搔之不休，成穴，虎殊快，不觉也。猱徐取其脑啖之，而汰其余以奉虎曰："吾偶有所获腥，不敢私之，以献左右。"虎曰："忠哉猱也！爱我而忘其口腹。"啖已，又弗觉也。久而虎脑空，痛发，踪猱。猱则已走避高木。虎跳踉大吼，乃死。

野兽之中有一种叫猱，体形较小，爪子锋利，善于爬树。老虎的脑袋痒，就让猱挠个不停，挠出了窟窿，老虎非常舒服，不觉得脑袋挠破了。猱慢慢地取它的脑浆吃，剩下残余的用来献给老虎说："我偶然得到些美食，不敢私自享用，用来献给您。"老虎说："忠心的是猱啊！它爱我而忘了自己的口腹之欲。"吃完了，还没有察觉。久而久之，老虎的脑袋空了，疼痛发作，寻找猴的踪迹。猴却已经跑到高高的树上去了，老虎蹦跳大叫，便死了。

这个寓言其实很深刻，它告诉人们一个基本的道理，让你舒服的人，有可能是要你命的人。特别是对于一个有权力有资源的管理者来说，身边如果有一个人陪你吃喝玩乐，陪你花钱消费，帮你解决各种难题，甚至把你全家都哄得特别开心，那么你对这个人就要提高警惕了。他有可能是在算计你，让你高高兴兴地跳进万丈深渊。

大家想一想，人为什么会落入万丈深渊？如果这条路是艰辛百倍痛苦异常的，那就没有人走。通往深渊的堕落之路，一定是花团锦簇、温柔甜蜜的，喝着小酒数着小钱，吃着火锅唱着歌，一路就掉下去了。

所以我再次提醒大家，一旦成为领导者，有三种事物要防备：一是防备滋润的日子，它会腐蚀你；二是防备顺眼献媚的人，他会算计你；三是防备诱人的小便宜，它会蒙蔽你。

鲁达已经下决心狠狠教训一下郑屠，一看他拿刀扑上来，鲁达心里反而有底了。如果他就站那里不动，鲁达还真没办法出狠手。打架讲究一个合理性，双方的招数要匹配，一见郑屠拿刀主动扑上来，鲁达感觉到机会来了。

郑屠右手拿刀，左手便来要揪鲁达。被这鲁提辖就势按住左手，赶将入去，望小腹上只一脚，腾地踢倒了在当街上。鲁达再入一步，踏住胸脯，提起那醋钵儿大小拳头，看着这郑屠道："洒家始投老种经略相公，做到关西五路廉访使，也不枉了叫做镇关西。你是个卖肉的操刀屠户，狗一般的人，也叫做镇关西！你如何强骗了金翠莲！"

大家注意，这几句话很关键。鲁达不是来斗殴的，鲁达是来行侠仗义的。动手之前必须让周围围观的人明白来龙去脉，讲清动手的理由再动手，这一点很重要。

　　既然下手了，鲁达可没有跟郑屠客气。扑的只一拳，正打在鼻子上，打得鲜血迸流，鼻子歪在半边，却便似开了个油酱铺：咸的、酸的、辣的，一发都滚出来。郑屠挣不起来，那把尖刀也丢在一边，口里只叫："打得好！"鲁达骂道："直娘贼！还敢应口。"提起拳头来就眼眶际眉梢只一拳，打得眼棱缝裂，乌珠迸出，也似开了个彩帛铺的：红的、黑的、绛的，都滚将出来。

　　动手容易收兵难，鲁达打得性起，热血沸腾挥拳如擂鼓，手上就失去了一开始的分寸。

　　打架不一定总能按事先的计划进行，如果都能按计划进行，那不是打架，那是演戏。那么一旦出了意外情况，鲁达是怎么收兵的呢？

方式三：金蝉脱壳给撤退留出足够时间

　　两边看的人惧怕鲁提辖，谁敢向前来劝？郑屠当不过讨饶。鲁达喝道："咄！你是个破落户，若是和俺硬到底，洒家倒饶了你。你如何对俺讨饶，洒家却不饶你！"又只一拳，太阳上正着，却似做了一个全堂水陆的道场：磬儿、钹儿、铙儿一齐响。鲁达看时，只见郑屠挺在地下，口里只有出的气，没了入的气，动弹不得。鲁提辖假意道："你这厮诈死，洒家再打。"只见面皮渐渐的变了，鲁达寻思道："俺只指望痛打这厮一顿，不想三拳真个打死了他。洒家须吃官司，又没人送饭，不如及早撒开。"拔步便走，回头指着郑屠尸道："你诈死，洒家和你慢慢理会。"一头骂，一头大踏步去了。街坊邻舍并郑屠的火家，谁敢向前来拦他。

　　这是典型的金蝉脱壳策略。蝉越过漫长的冬伏期后，从地底下爬出来，通体土黄透亮，雅称"金蝉"。金蝉爬上树干或树枝，静静地歇着，开始蜕变。金壳顶部裂开一条缝，新生蝉从缝里爬出，蝉翼丰满后飞走；金壳依然在枝头摇曳，不站近看，不知道新蝉已经飞走，这就是金蝉脱壳。

　　金蝉脱壳比喻危急关头，设法从某种境地脱身。脱身时，留下种种伪装，制造没走的假象，其实人早已走了，因为有伪装和假象，他人还以为没有走。这实际上是一种撤退策略，在走脱的时候，做到"敌不敢动，友不生疑"。鲁达这种招式，着实高明。一边走一边回头骂，一切都做得和真的一样。

记得以前小学的老师给我们考试，进屋把水杯往讲台上一放，教鞭一横，外套往门边一挂，然后威严地说：同学们好好答题，我会在后门盯着你们，任何人不许回头，不许交头接耳，否则就算违纪。整个教室在接下来的一个小时当中，特别安静，鸦雀无声。考完试讲卷子时才发现老师在隔壁班讲课，他根本就没在后门盯着。不过，大家看着讲台前面的水杯和外套就觉得如同他还在一样。

这一招目前网上有很多酒托也在使用。问大家一个问题，如果你在微博或微信上突然有附近的人通过"摇一摇"跟你联系，和你打招呼，你会不会回应一下？如果和你打招呼的那个人碰巧是个女生，头像很漂亮，你会不会更感觉喜出望外？如果她还主动约你在哪里见面，去哪里喝杯东西，你会怎么想？其实很简单，人要懂礼貌，来而不往非礼也。所以她如果问你：你好先生，我们很有缘，有空出来喝一杯吧。你一定要很认真、很客气地回答：谢谢，辛苦了，当酒托月收入还不错吧。

一般来说，这种在网上特别主动热情积极约你出去喝一杯的，十有八九都是酒托。她把你约到酒吧里，点了一桌子吃的喝的，然后就会把一个包或者一个提袋放到椅子上，跟你说帮我看一下，我去接个电话，然后就是金蝉脱壳的策略，直接就走了，留下的袋子里基本上只有一团废报纸。在你还没回过神来的时候，人家服务生就拿着账单来让你结账了。酒托就是这样卖高价酒骗钱的，其核心策略也是金蝉脱壳。而机智的鲁达给郑屠用上的正是这招。

鲁提辖回到下处，急急卷了些衣服盘缠，细软银两，但是旧衣粗重都弃了。提了一条齐眉短棒，奔出南门，一道烟走了。

且说郑屠家中众人，救了半日不活，呜呼死了。老小邻人径来州衙告状。

　　等到官府捕快衙役二十几个人扑到鲁达住处来捉人的时候，我们这位英雄的鲁提辖早已离开了渭州城，那真是龙归大海虎入高山。官府捉拿不到人就发下了海捕公文，出赏钱一千贯，画了鲁达相貌到处张挂，捉拿鲁达。那么鲁提辖能否顺利躲避追捕，他又是如何出家为僧，从提辖官鲁达变成花和尚鲁智深的呢？我们下一讲接着说。

第五讲

出格行为不好管

前几天学生搞同学聚会，把我也拉上了。聚会的时候，有一个很有意思的环节，每个人讲一个上学期间让自己印象深刻的事件。慢慢地，大家的话题就集中到两种人身上——当年我们身边的捣蛋鬼和吃货。

欢乐的气氛和有趣的话题让我想起了自己的学生时代。其实，大家在学生时代都做过各种淘气甚至出格的事情。记得上小学的时候，我们的学校离九龙山和潮河很近，下午经常有上山下河的同学把动物带进教室，蚂蚱、蝴蝶、蜻蜓、麻雀、蛇，还有人把青蛙放到讲台抽屉里，甚至把年轻的音乐老师吓得惊叫出了超级海豚音。还有一次，几个同学把一个装满水的塑料袋放在半开的门上边，准备暗算另一个同学，结果推门进来的却是提前到教室的老师。"哗"的一下，老师从上到下都湿了。不过，老师很温和，并没有暴跳如雷，简单地把头发擦干了就上课了。其实，每个集体里都难免出现类似情况，在大多数人按部就班、规规矩矩的时候，总有那么一两个淘气捣乱的人，差不多每个班主任老师、每个家长、每个单位领导都遇到过类似的情况。对付这些调皮捣蛋的人，一味简单粗暴是不行的，当然也不能一味地忍让和迁就，而是需要运用更多的策略和技巧。在这一讲里，我们就探讨一下，如何对待行为出格的人。

🌀 细节故事：鲁智深出家

话说鲁达逃离了渭州城，忙忙似丧家之犬，急急如漏网之鱼，行过了几处州府。正是：逃生不避路，到处便为家。自古有几般：饥不择食，寒不择衣，惶不择路，贫不择妻。鲁达心慌抢路，正不知投那里去的是。一迷地行了半月之上。在路却走到代州雁门县。入得城来，见这市井闹热，人烟辏集，车马骈驰，一百二十行经商买卖，诸物行货都有，端的整齐。虽然是个县治，胜如州府。鲁提辖正行之间，不觉见一簇人众，围住了十字街口看榜……

鲁达却不识字，只听得众人读道："代州雁门县：依奉太原府指挥使司该准渭州文字，捕捉打死郑屠犯人鲁达，即系经略府提辖。如有人停藏在家宿食，与犯人同罪。若有人捕获前来，或首告到官，支给赏钱一千贯文。"鲁提辖暗自寻思这个却是捉拿自己的，正在心里犯嘀咕，只听得背后一个人大叫道："张大哥，你如何在这里！"接着那人拦腰就把鲁达抱住了。

这一下可是把鲁达吓了一跳，仔细一看，却正是当初在渭州城搭救的金老汉。

老爷子一边把鲁达拉到没人的僻静处，一边数落："恩人，你好大胆！见今明明地张挂榜文，出一千贯赏钱捉你，你缘何却去看榜？若不是老汉遇见时，却不被做公的拿了。"

原来这金老汉父女没有回东京汴梁而是来到代州落脚，经人介绍结识了当地的一位实力派人物赵员外，金翠莲做了赵员外的侧室。父女二人现在要钱有钱、要房有房、衣食无忧、使奴唤婢，小日子过得很滋润。这位赵员外也是一个练武之人，听金翠莲讲述了遭遇之事，对鲁达也是格外佩服。二人相见之后非常投缘，鲁达就住在了赵员外的七宝村上。

鲁达自此之后，在这赵员外庄上住了五七日。忽一日，两个正在书院里闲坐说话，只见金老急急奔来庄上，径到书院里，见了赵员外并鲁提辖。见没人，便对鲁达道："恩人，不是老汉心多，为是恩人前日老汉请在楼上吃酒，员外误听人报，引领庄客来闹了街坊，后却散了，人都有些疑心，说开去。昨日有三四个做公的来邻舍街坊打听得紧，只怕要来村里缉捕恩人。倘或有些疏失，如之奈何？"鲁达道："恁地时，洒家自便去了。"赵员外道："若是留提辖在此，诚恐有此山高水低，教提辖怨怅；若不留提辖来，许多面皮都不好看。赵某却有个道理，教提辖万无一失，足可安身避难。只怕提辖不肯。"鲁达道："洒家是个该死的人。但得一处安身便了，做甚么不肯！"赵员外道："若如此，最好。离此间三十余里有座山。唤做五台山。山上有一个文殊院，原是文殊菩萨道场。寺里有五七百僧人。为头智真长老，是我弟兄。我祖上曾舍钱在寺里，是本寺的施主檀越。我曾许下剃度一僧在寺里，已买下一道五花度牒在此，只不曾有个心腹之人了这条愿心。如是提辖肯时，一应费用都是赵某备办。委实肯落发做和尚么？"鲁达寻思："如今便要去时，那里投奔人？不如就了这条路罢。"便道："既蒙员外做主，洒家情愿做了和尚，专靠员外照管。"

给大家补充个知识点：五花度牒。

度牒，最早始于唐代，是政府为了管理僧道所颁发的证明文书。拥有度牒的僧人或道士出家，属于政府承认的行为，可以免除赋税和劳役。没有度牒而私自出家的僧道称为私度，经官府发现，将会给予处罚，勒令还俗。因此，后世僧人游方挂单，必须随身携带度牒，作为身份证明。度牒上面详细记载着僧尼的原籍、俗名、年龄、所属寺院、到寺日期、师父法名，并由礼部长官等有关官吏联名盖印。有了这份证明，僧尼不但有了明确的身份，受到政府的保障，还可以得到免除赋税徭役的优待。从唐朝开始，度牒就不再免费发放了。

度牒获取的途径有三：一是通过朝廷"试经"获取，二是在皇恩吉庆时额外恩准，三是纳钱换取。北宋神宗时期，因年荒、黄河决口等灾害频繁，为了解决捉襟见肘的政府财政困难，国家需要赈款，朝廷开始出卖度牒，以弥补财政亏空。这一权宜之计，后来继续执行，除买卖度牒外，还增加买卖师号、紫衣，度牒成了政府调控经济的一种手段。这就是我们在《水浒传》中看到的那个赵员外能够"已买下一道五花度牒在此"的缘故。宋时，一道度牒贱卖约二三十贯钱，贵时则要八九百贯钱。

买得这种空名度牒的人，便成为形式上的出家人，也就成了拥有豁免徭役赋税特权的虚名僧尼，他们可以利用这种虚名来隐瞒财产。至南宋时期，度牒进一步具备了某种货币功能，宋代政府曾以度牒用来赈灾，充作军饷。比如，南宋高宗赵构就曾下诏赐大将岳飞二百道度牒作为军饷和开支。由此可见，赵员外的五花度牒对于鲁达来说是一个非常丰厚的馈赠。他资助鲁达出家，除了度牒，还包括衣食住行一应费用，也是花费了不少成本的。

那么赵员外为什么这样慷慨解囊呢？

有两种看法：（1）为了报恩。鲁达搭救了赵员外的心上人金翠莲，滴水之恩当涌泉相报。（2）为了消除隐患。金翠莲承蒙鲁达搭救，感激不尽，日夜烧香，赵员外担心自己的心上人不但滴水之恩要涌泉相报，而且有可能救命之恩要以身相许，所以赶紧度了鲁提辖出家为僧，消灭一个情场对手。

总之，没有赵员外动用自己的财产和社会关系，鲁达是不可能在五台山顺利出家的。

（1）上山拜见智真长老。当时说定了，连夜收拾衣服盘缠，段匹礼物，排担了。次日早起来，叫庄客挑了。两个取路望五台山来。辰牌已后，早到那山下。

鲁提辖看那五台山时，果然好座大山。但见：

云遮峰顶，日转山腰。嵯峨仿佛接天关，崒嵂参差侵汉表。岩前花木，舞春风暗吐清香；洞口藤萝，披宿雨倒悬嫩线。飞云瀑布，银河影浸月光寒；峭壁苍松，铁角铃摇龙尾动。宜是县揲蓝染出，天生工积翠妆成。根盘直厌三千丈，气势平吞四百州。

赵员外与鲁提辖两乘轿子抬上山来，一面使庄客前去通报。到得寺前，早有寺中都寺、监寺出来迎接。两个下了轿子，去山门外亭子上坐定。寺内智真长老得知，引着首座、侍者，出门外来迎接。赵员外和鲁达向前施礼；真长老打了问讯，说道："施主远出不易。"赵员外答道："有些小事，特来上刹相浼。"真长老便道："且请员外方丈吃茶。"赵员外前行，鲁达跟在背后。看那文殊寺，果然是好座大刹。但见：

山门侵峻岭，佛殿接青云。钟楼与月窟相连，经阁共峰峦对立。香积厨通一泓泉水，众僧寮纳四面烟霞。老僧方丈斗牛边，禅客经堂云雾里。白面猿时时献果，将怪石敲响木鱼；黄斑鹿日日衔花，向宝殿供养金佛。七层宝塔接丹霄，千古圣僧来大刹。

当时真长老请赵员外并鲁达到方丈。长老邀员外向客席而坐，鲁达便去下首坐在禅椅上。员外叫鲁达附耳低言："你来这里出家，如何便对长老坐地？"鲁达道："洒家不省得。"起身立在员外肩下。面前首座、维那、侍者、监寺、都寺、知客、书记，依次排立东西两班。庄客把轿子安顿了，一齐搬将盒子入方丈来，摆在面前。长老道："何故又将礼物来？寺中多有相渎檀越处。"赵员外道："些小薄礼，何足称谢。"道人、行童收拾去了。赵员外起身道："一事启堂头大和尚：赵某旧有一条愿心，许剃一僧在上刹。度牒词簿都已有了，到今不曾剃得。今有这个表弟，姓鲁名达，军汉出身，因见尘世艰辛，情愿弃俗出家。万望长老收录，慈悲慈悲，看赵某薄面，披剃为僧。一应所用，小子自当准备，烦望长老玉成，幸甚！"长老见说，答道："这个是缘，是光辉老僧山门，容易容易。"

（2）众僧阻挠接纳鲁达。真长老便唤首座、维那商议剃度这人，分付监寺、都寺安排办斋。只见首座与众僧自去商议道："这个人不似出家的模样。一双眼恰似贼一般。"众僧道："知客，你去邀请客人坐地，我们与长老计较。"知客出来请赵员外、鲁达到客馆里坐地。首座、众僧禀长老

说道："却才这个要出家的人，形容丑恶，貌相凶顽，不可剃度他，恐久后累及山门。"长老道："他是赵员外檀越的兄弟，如何别得他的面皮？你等众人且休疑心，待我看一看。"焚起一炷信香，长老上禅椅盘膝而坐，口诵咒语，入定去了。一炷香过，却好回来，对众僧说道："只顾剃度他。此人上应天星，心地刚直。虽然时下凶顽，命中驳杂，久后却得清净，正果非凡，汝等皆不及他。可记吾言，勿得推阻。"首座道："长老只是护短，我等只得从他。"

（3）剃度出家，赐名智深。长老叫备斋食，请赵员外等方丈会斋。斋罢，监寺打了单账，赵员外取出银两，教人买办物料，一面在寺里做僧鞋、僧衣、僧帽、袈裟、拜具。一两日都已完备。长老选了吉日良时，教鸣鸿钟，击动法鼓，就法堂内会集大众。整整齐齐五六百僧人，尽披袈裟，都到法座下合掌作礼，分作两班。赵员外取出银锭、表里、信香，向法座前礼拜了，表白宣疏已罢，行童引鲁达到法座下。维那教鲁达除了巾帻，把头发分做九路绾了，绹撮起来。净发人先把一周遭都剃了，却待剃髭须，鲁达道："留了这些儿还洒家也好。"众僧忍笑不住。真长老在法座上道："大众听偈。"念道：

"寸草不留，六根清净。与汝剃了，免得争竞。"

长老念罢偈言，喝一声："咄！尽皆剃去！"净发人只一刀，尽皆剃了。首座呈将度牒上法座前，请长老赐法名。长老拿着空头度牒而说偈曰：

"灵光一点，价值千金。佛法广大，赐名智深。"

长老赐名已罢，把度牒转将下来。书记僧填写了度牒，付与鲁智深收受。长老又赐法衣袈裟，教智深穿了。监寺引上法座前，长老用手与他摩顶受记道："一要皈依三宝，二要归奉佛法，三要归敬师友：此是三归。五戒者：一不要杀生，二不要偷盗，三不要邪淫，四不要贪酒，五不要妄语。"智深不晓得禅宗答应"是""否"两字，却便道："洒家记得。"众僧都笑。

（4）鲁智深和山上的环境格格不入。次日，赵员外要回，告辞。长老留连不住，早斋已罢，并众僧都送出山门……人丛里唤智深到松树下，低低分付道："贤弟，你从今日难比往常，凡事自宜省戒，切不可托大。倘有不然，难以相见。保重，保重。早晚衣服，我自使人送来。"智深道："不索哥哥说，洒家都依了。"

话说鲁智深回到丛林选佛场中禅床上，扑倒头便睡。上下肩两个禅和子推他起来，说道："使不得！既要出家，如何不学坐禅？"智深道："洒家自睡，干你甚事？"禅和子道："善哉！"智深裸袖道："团鱼洒家也吃，甚么鳝哉！"禅和子道："却是苦也。"智深便道："团鱼大腹，又肥甜了，好吃，那得苦也？"上下肩禅和子都不采他，由他自睡了。次日，要去对长老说知智深如此无礼。首座劝道："长老说道，他后来正果非凡，我等皆不及他，只是护短。你们且没奈何，休与他一般见识。"禅和子自去了。智深见没人主疮，到晚放翻身体，横罗十字，倒在禅床上睡。夜间鼻如雷响，如要起来净手，大惊小怪，只在佛殿后撒尿撒屎，遍地都是。侍者禀长老说："智深好生无礼，全没些个出家人体面。丛林中如何安着得此等之人。"长老喝道："胡说！且看檀越之面，后来必改。"自此无人敢说。

🌀 规律分析：用发展眼光看待一个人

大家看看，我们这位鲁提辖不坐禅，不断荤腥，不注意言谈举止，根本没有一个出家人的样子嘛。为什么长老这般容忍接纳，还赐名智深。大家注意，剃度的时候长老赐了智深一个基本评价——"灵光一点，价值千金"。这是长老对鲁智深的基本评价。灵光一点指的是什么呢？指的就是鲁智深英雄胆气侠义心肠，不为名不图利，扶危济困舍己为人。这样的心性和品格是最宝贵的。至于其他习气上的问题，都是可以随着时间的推移，一点一点改进和修正的。

有道是，玉不琢不成器，人不学不知义。鲁智深是一块欠缺雕琢的璞

玉，拿出些时间来雕琢一下，定可成大器。所以鲁智深属于根器好，习气不好，磨炼雕琢一下就能成器之人；另外有一些人，虽然习气很好，温文尔雅，彬彬有礼，但是心术不正，品格堕落，那就没有任何前途可言了。

磨砖作镜的典故

原典出自《景德传灯录》卷五：唐朝道一和尚常习坐禅，未能悟道。南岳怀让禅师问他："大德坐禅图什么？"回答说："图作佛。"怀让即取一砖在他庵前石上磨，道一问磨砖做什么，怀让回答："磨作镜。"道一奇怪道："磨砖岂得成镜？"怀让反问："磨砖既不成镜，坐禅岂得成佛？"接着怀让开导道一说："如牛驾车，车若不行，是打车对还是打牛对？你是学坐禅，还是学作佛？若学坐禅，禅非坐卧；若学作佛，佛非定相。于无住法，不应取舍。"

马祖道一禅师十二岁的时候到南岳衡山，拜怀让禅师为师，出家当了和尚。一天，怀让禅师看道一呆呆地坐在那里参禅，于是便见机施教，问："你整天在这里坐禅，图个什么？"

道一说："我想成佛。"

怀让禅师拿起一块砖，在道一附近的石头上磨了起来。

道一被这种噪声吵得不能入静，就问："师父，您磨砖做什么呀？"

怀让禅师："我磨砖做镜子啊。"

道一："磨砖怎么能做镜子呢？"

怀让禅师："磨砖不能做镜子，那么坐禅又怎么能成佛呢？"

研磨砖瓦欲做成镜子，只能徒劳无功，比喻办事不得要领，终不能成功。一番话使道一如梦初醒，终成禅宗史上一代宗师。

从这个著名的禅宗公案当中，我们可以悟出很多。要做镜子，就不能用砖，应该是磨铜做镜子。长老发现，鲁达不是砖而是铜，是可以磨来做镜子的。虽然眼前粗糙，日后必成大器。而相反，其他那些庸碌之人，恰恰都是砖石，虽然眼前精致，但是将来却无法大放光彩。

智慧箴言

　　看人要用发展的眼光，不能盯着缺点和毛病不放，人非圣贤孰能无过，不能因为身上的一些暂时性的缺点，就随便贴标签下结论。

　　这个现象，不仅在管理领域，在教育领域也常常发生。比如，一个小孩子身上有一些不好的习气，让老师和家长看不惯，结果就被贴上标签，"打入另册"。

　　举个例子，很多低年级的男孩子毛病确实不少，比如淘气捣乱、注意力不集中、爱出洋相、不讲卫生等，这些习气上的问题其实随着年龄的增长都是可以一点一点克服的。但是有个别老师或者家长就看不到这个问题，一旦孩子表现不好就大发雷霆，责罚辱骂，给孩子贴上不好的标签，下一个没前途的结论，甚至采取敌视、排挤的态度。

　　我曾亲眼看到一个小学老师给班里某个男孩子做出了非常不好的评价，对他印象非常差。后来与这个老师做了进一步沟通，我发现主要的原因是这个孩子的鞋带总是系得不够整齐，穿衣服也是邋邋遢遢的，老师偏偏是一个特别喜欢干净整洁的人。那些仪表整洁的孩子都获得了老师的肯定和认可，而这个有点邋遢的孩子就遭到了排斥。于是让这个孩子产生了厌学情绪，各方面表现都一落千丈，那真是"一根鞋带毁了一个娃儿"！

　　邋邋遢遢确实不好，每个人都喜欢干净、整洁、漂亮的，这是人之常情。但是作为一个教育工作者，应该放下个人的好恶，用积极负责任的态度来对待孩子们，用发展的眼光看待缺点和不足。一次小小的肯定或者否定，真的会影响孩子的未来。

跟大家分享一个道理，《西游记》其实也是在讲成长的道理、教育的道理。我觉得，孩子们其实都是孙悟空，猴性难除，要吃喝玩乐，要出洋相，要捣乱，要大闹天宫，但是经过一番教育、磨炼之后，都是可以修成正果的，关键是不要着急，也不要放弃，培养人才离不开三心：爱心、耐心、信心。

策略一：对于出格行为，要把握好批评的火候

经略府提辖官鲁达在五台山文殊院剃度出家，到此为止，他就正式变成了鲁智深。不过名号虽改，习气难除，免不了在庙山惹出各种事端，做出种种令大家瞠目结舌的行为。我们来看看高明的智真长老是怎么管理这个鲁和尚的。

（1）半山亭吃酒。鲁智深在五台山寺中，不觉搅了四五个月。时遇初冬天气，智深久静思动。当日晴朗得好，智深穿了皂布直裰，系了鸦青绦，换了僧鞋，大踏步走出山门来。信步行到半山亭子上，坐在鹅项懒凳上，寻思道："干鸟么！俺往常好酒好肉每日不离口，如今教酒家做了和尚，饿得干瘪了。赵员外这几日又不使人送些东西来与洒家吃，口中淡出鸟来。这早晚怎地得些酒来吃也好。"正想酒哩，只见远远地一个汉子，挑着一副担桶，唱上山来。上面盖着桶盖，那汉子手里拿着一个镟子，唱着上来。唱道：

"九里山前作战场，牧童拾得旧刀枪。

顺风吹动乌江水，好似虞姬别霸王。"

鲁智深观见那汉子担担桶上来，坐在亭子上，看这汉子也来亭子上歇下担桶。智深："兀那汉子，你那桶里甚么东西？"那汉子道："好酒。"智深道："多少钱一桶？"那汉子道："和尚，你真个也是作耍？"智深道："洒家和你要甚！"那汉子道："我这酒挑上去，只卖与寺内火工道人、直厅轿夫、老郎们做生活的吃。本寺长老已有法旨，但卖与和尚们吃

了，我们都被长老责罚，追了本钱，赶出屋去。我们见关着本寺的本钱，见住着本寺的屋宇，如何敢卖与你吃？"智深道："真个不卖？"那汉子道："杀了我也不卖。"智深道："洒家也不杀你，只要问你买酒吃。"那汉子见不是头，挑了担桶便走。智深赶下亭子来，双手拿住扁担，只一脚，交当踢着。那汉子双手掩着做一堆，蹲在地下，半日起不得。智深把那两桶酒，都提在亭子上，地下拾起镟子，开了桶盖，只顾舀冷酒吃。无移时，两桶酒吃了一桶。智深道："汉子，明日来寺里讨钱。"那汉子方才疼止，又怕寺里长老得知，坏了衣饭，忍气吞声，哪里敢讨钱。把酒分做两半桶挑了，拿了镟子，飞也似下山去了。

（2）大闹山门。只说鲁智深在亭子上坐了半日，酒却上来，下得亭子，松树根边又坐了半歇，酒越涌上来。智深把皂直裰褪膊下来，把两只袖子缠在腰里，露出脊背上花绣来，扇着两个膀子上山来。看时，但见：

头重脚轻，对明月眼红面赤；前合后仰，趁清风东倒西歪。浪浪跄跄上山来，似当风之鹤；摆摆摇摇回寺去，如出水之龟。脚尖曾踢涧中龙，拳头要打山下虎。指定天宫，叫骂天蓬元帅；踏开地府，要拿催命判官。裸形赤体醉魔君，放火杀人花和尚。

鲁智深看看来到山门下，两个门子远远地望见，擒着竹篦来到山门下，拦住鲁智深便喝道："你是佛家弟子，如何喫得烂醉了上山来？你须不瞎，也见库局里贴的晓示：但凡和尚破戒吃酒，决打四十竹篦，赶出寺去；如门子纵容醉的僧人入寺，也吃十下。你快下山去，饶你几下竹篦。"鲁智深一者初做和尚，二来旧性未改，睁起双眼骂道："直娘贼！你两个要打洒家，俺便和你厮打！"门子见势头不好，一个飞也似入来报监寺，一个虚拖竹篦拦他。智深用手隔过，叉开五指，去那门子脸上只一掌，打得浪浪跄跄；却待挣扎，智深再复一拳，打倒在山门下，只是叫苦。智深道："洒家饶你这厮。"浪浪跄跄攧入寺里来。

监寺听得门子报说，叫起老郎、火工、直厅轿夫三二十人，各执白木棍棒，从西廊下抢出来，却好迎着智深。智深望见，大吼了一声，却似嘴边起个霹雳，大踏步抢入来。众人初时不知他是军官出身，次后见他行得凶了，慌忙都退入藏殿里去，便把亮槅关上。智深抢入阶来，一拳一脚，打开亮槅，三二十人都赶得没路。夺条棒，从藏殿里打将出来。

（3）长老关门教育。监寺慌忙报知长老。长老听得，急引了三五个侍者，直来廊下，喝道："智深不得无礼！"智深虽然酒醉，却认得是长老，撇了棒，向前来打个问讯，指着廊下，对长老道："智深吃了两个酒，又不曾撩拨他们，他众人又引人来打洒家。"长老道："你看我面，快去睡了，明日却说。"鲁智深道："俺不看长老面，洒家直打死你那几个秃驴！"长老叫侍者扶智深到禅床上，扑地便倒了，齁齁地睡了。众多职事僧人围定长老，告诉道："向日徒弟们曾谏长老来，今日如何？本寺那里容得这等野猫，乱了清规！"长老道："虽是如今眼下有些啰唣，后来却成得正果。无奈何，且看赵员外檀越之面，容恕他这一番。我自明日叫去埋怨他便了。"众僧冷笑道："好个没分晓的长老！"各自散去歇息。

次日早斋罢……智深跟着侍者到方丈，长老道："智深虽是个武夫出身，今来赵员外檀越剃度了你，我与你摩顶受记，教你一不可杀生，二不可偷盗，三不可邪淫，四不可贪酒，五不可妄语。此五戒，乃僧家常理。出家人第一不可贪酒。你如何夜来吃得大醉？打了门子，伤坏了藏殿上朱红槅子，又把火工道人都打走了，口出喊声。如何这般所为？"智深跪下道："今番不敢了。"长老道："既然出家，如何先破了酒戒，又乱了清规？我不看你施主赵员外面，定赶你出寺。再后休犯。"智深起来合掌道："不敢，不敢！"长老留在方丈里，安排早饭与他吃，又用好言语劝他。取一领细布直裰，一双僧鞋，与了智深，教回僧堂去了。

长老并没有当场批评鲁智深，而是采取了缓兵之计，让他先睡一觉，醒醒酒。这样的缓兵之计非常必要，很多时候，在事情爆发后，双方都在气头上，如果能放一放再处理，效果会好很多。

智慧箴言

完成任务像打铁，打铁当然需要抓紧时间趁热进行；处理冲突就像吃元宵，吹一吹晾一晾，自然就容易多了。

而且大家注意，长老没有吹胡子瞪眼睛，严厉训斥，而是先讲道理，指出鲁智深的错误，又强调了赵员外的关系，最后还好言相劝，又送了鲁智深新衣服和新鞋。看到这里，我们不能不佩服长老的涵养修为和批评教育的方法。

给大家介绍一个"三明治批评法"。吃过三明治的人都知道，上面一层柔软的面包片，下面一层柔软的面包片，中间夹上难嚼的牛肉饼，这样吃起来口感就会好很多。

按照这样的结构，批评教育别人的时候，需要把批评的内容夹在两个肯定中间。

首先给出肯定和认同，中间一层夹着批评，结尾时提出鼓励和支持。采用这种方法能创造良好的沟通氛围，既能去除对方的防卫心理，又能维护对方的自尊。

三明治批评法不仅对成人，对孩子也一样有效。

比如孩子提前放学回家，说好写作业，但是你进门却看到他在兴高采烈地玩游戏，说好该完成的作业一点也没有写。这个时候，家长难免火冒三丈，一个忍不住就会大发雷霆，甚至会拳脚相加。这样不但于事无补，还容易形成对立和逆反心理，反而会导致问题变得更严重。

请大家注意，生气发火并非解决问题之道。批评过程中爱发火的人，一般都是注意力容易偏移的人，他的焦点往往放到自己的情绪上，而不是问题的解决上。

智慧箴言

我们建议大家，每次要发火的时候，一定先做个深呼吸，在心里问问自己，到底是要解恨，还是要解决。如果要解恨，那就拍桌子、瞪眼睛、说狠话、下狠手，但是这样只会让问题更糟糕；如果要解决，那就应该先把愤怒放在一边，使用必要的沟通策略，把重点从自己的情绪转移到问题的分析和改进上来。

采取三明治批评法，还要注意以下问题。

（1）要善于发现优点。三明治批评法，要求两个肯定"夹"一个批评，但是有些家长看孩子全是毛病，打灯笼都找不到一个优点。这就是家长的问题。还是那句话："世界上不缺少美，只是缺少发现美的眼睛。"

（2）要在一种"心平气和"的氛围中使用"三明治批评法"。看到孩子犯错，气愤之极，这时，三明治、四明治都是不管用的。因此，表扬孩子的时候应当是表扬的语气，批评时也要强压住怒火，毕竟成年人应当是理性的。

（3）三明治批评法，也不能当众批评。孩子也有自尊心，别看一些问题孩子一脸的不在乎，其实他们的自尊心比大人更强。所以在教育他们时，给他们留足面子，不要当着他人的面来指责他们。暗地里同他们交谈，这份苦心一旦被孩子们察觉了，就会成为一份有效的教育催化剂。

策略二：对于出格行为，要调整好对待方式

再说这鲁智深自从吃酒醉闹了这一场，一连三四个月不敢出寺门去。忽一日，天色暴热，是二月间天气。离了僧房，信步蹭出山门外立地，看着五台山，喝采一回。猛听山下叮叮当当的响声，顺风吹上山来。智深再回僧堂里，取了些银两，揣在怀里，一步步走下山来。出得那"五台福

地"的牌楼来看时，原来却是一个市井，约有五七百人家。智深看那市镇上时，也有卖肉的，也有卖菜的，也有酒店、面店。智深寻思道："干呆么！俺早知有这个去处，不夺他那桶酒吃，也自下来买些吃。这几日熬得清水流，且过去看有甚东西买些吃。"听得那响处，却是打铁的在那里打铁。间壁一家门上，写着"父子客店"。智深走到铁匠铺门前看时，见三个人打铁。

鲁智深让铁匠打了一条六十二斤的水磨禅杖和一把上好的戒刀。离了铁匠人家，行不到三二十步，见一个酒望子挑出在屋檐上。智深掀起帘子，入到里面坐下，敲着桌子叫道："将酒来！"卖酒的主人家说道："师父少罪，小人住的房屋也是寺里的，本钱也是寺里的，长老已有法旨，但是小人们卖酒与寺里僧人吃了，便要追了小人们本钱，又赶出屋。因此只得休怪。"智深无奈一直走到村边的一家小酒店。倚着小窗坐下，便叫道："主人家，过往僧人买碗酒吃！"庄家看了一看道："和尚，你那里来？"智深道："俺是行脚僧人，游方到此经过，要买碗酒吃。"庄家道："和尚若是五台山寺里的师父，我却不敢卖与你吃。"智深道："洒家不是。你快将酒卖来。"庄家看见鲁智深这般模样，声音各别，便道："你要打多少酒？"智深道："休问多少，大碗只顾筛来。"约莫也吃了十来碗酒，智深问道："有甚肉，把一盘来吃。"庄家道："早来有些牛肉，都卖没了，只有些菜蔬在此。"智深猛闻得一阵肉香，走出空地上看时，只见墙边沙锅里煮着一只狗在那里。智深便道："你家见有狗肉，如何不卖与俺吃？"庄家道："我怕你是出家人不吃狗肉，因此不来问你。"智深道："洒家的银子有在这里。"就将银子递与庄家道："你且卖半只与俺吃。"那庄家连忙取半只熟狗肉，捣些蒜泥，将来放在智深面前。智深大喜，用手扯那狗肉，蘸着蒜泥吃，一连吃了十来碗酒。吃得口滑，只顾要吃，哪里肯住。庄家倒都呆了，叫道："和尚只恁地罢。"智深睁起眼道："洒家又不白吃你的，管俺怎地！"庄家道："再要多少？"智深道："再打一桶来。"庄家只得又舀一桶来。智深无移时又吃了这桶酒，剩下一脚狗腿，把来揣在怀里……

　　智深走到半山亭子上，坐了一回，酒却涌上来，跳起身，口里道："俺好些时不曾拽拳使脚，觉道身体都困倦了，洒家且使几路看。"下得亭子，把两只袖子搭在手里，上下左右使了一回。使得力发，只一膀子扇在亭子柱上，只听得刮剌剌一声响亮，把亭子柱打折了，坍了亭子半边。门子听得半山里响，高处看时，只见鲁智深一步一撷，抢上山来。两个门子叫道："苦也！前日这畜生醉了，今番又醉得不小可！"便把山门关上，把拴拴了。智深抢到山门下，见关了门，一怒之下就打倒了山门外的两个金刚。

　　两个门子去报长老，长老道："休要惹他，你们自去。"只见这首座、监寺、都寺，并一应职事僧人，都到方丈禀说："这野猫今日醉得不好，把半山亭子、山门下金刚都打坏了，如何是好？"长老道："自古天子尚且避醉汉，何况老僧乎？若是打坏了金刚，请他的施主赵员外自来塑新的；倒了亭子，也要他修盖。这个且由他。"

　　说到这里，大家想想，为什么长老要求众僧人回避鲁智深，而不是上去教训他一顿呢？

　　其中有两个原因，一个是鲁智深正在醉酒之中，根本没有什么道理可讲，说着说着就有可能动起手来。和一个醉汉动手，无论是打了醉汉，还是被醉汉打了，都是一件不怎么光彩的事情。既然没有道理可讲，也没有动手的余地，那只有先避一避锋芒，等他醒酒再说了。

　　另一个更深入的原因是，人的行为模式是可以慢慢改变的。在诸多改变行为的因素当中，环境和对待方式是两个非常重要的因素。

　　如果环境就是一个动不动就挥拳头的状态，对待方式也是恶言恶语、棍棒交加，那么鲁智深能不能改掉原来的毛病呢？肯定不能，而且他还会生出新的毛病，他的攻击倾向、蛮不讲理、爱打架的习气都会被放大。

　　一个皮球跳起来，你越拍打它，它跳得越凶，只有不搭理它，过一会儿它才能平静下来。对待一个鲁莽发脾气的人也是一样，你越拍他，他就越凶，只有回避一下，过一会他自己才会平静下来。这就叫拍皮球原理。

在我们身边，有很多家长、老师和管理者都很崇尚严厉的管教方式。

那么，一个人的行为模式，在严厉的管教之下，真的会有彻底的改变吗？我们来看一个试验。

专家找来两组学生，让他们玩两堆玩具，第一组学生玩儿玩具的时候，选了一个简单粗暴的老师。这位老师警告他们，谁也不许玩儿机器人，只能玩儿其他玩具，谁玩儿机器人我就惩罚谁。

第二组学生玩儿玩具的时候，选了一个温和的老师。老师语重心长地说：孩子们别玩儿里边的机器人，请大家玩儿其他玩具。警告之后，两个老师退场。我们用监控摄像头去监视，看看孩子们有没有偷着玩儿机器人的。大家猜猜有没有？答案"有"。有制度就有人钻空子，而且温和的这一组和严厉的那一组钻空子的比例是没有显著差异的。换句话说，不管你是简单粗暴还是温文尔雅，当场的管理效果是一样的。

但神奇的是，过了六周以后，我们再把两组孩子分别再次集中在一起，给他们同样的玩具，这时候没有老师管了，让他们自己去玩儿，我们看看他们的选择是什么。震惊的事情就发生了，简单粗暴的那一组，绝大多数的孩子都选择玩儿机器人。换句话说，当时不让玩儿机器人的那个警告，现在起了反作用。而温和民主的那一组，选择玩儿机器人的孩子不到三分之一。所以用长远的眼光来看，温和民主能造就一个人的自我约束和自律，而简单粗暴会起到反作用。因此我们提倡，要求一定要严格，但是方式上一定要温和。

╔══ 智慧箴言 ══╗

所以我提醒大家，严厉的管教其实等于反向的鼓励，严厉的对待方式会激起更大规模的反弹。从长期来看，温和的效果会更好。

　　智真长老不愧为得道的高僧，他能站在长期教育的高度上看待眼前鲁智深身上一时出现的问题，不着急不着慌，选择比较恰当的对待方式。这一点是值得我们今天这些家长、老师和管理者学习的。看到孩子或下属有问题，千万不要暴跳如雷，拍桌子瞪眼睛，那样只会让问题变得更糟糕。

　　虽然大家一时回避了，但是鲁智深进了僧堂，居然拿狗腿戏弄旁边的僧人，这下子激起了众僧人的怒火。监寺、都寺不与长老说知，叫起一班执事僧人，点起老郎、火工道人、直厅轿夫，约有一二百人，都执杖叉棍棒，尽使头巾盘头，一齐打入僧堂来。智深见了，大吼一声，别无器械，抢入僧堂里佛面前，推翻供桌，挼两条桌脚，从堂里打将出来……只见长老喝道："智深不得无礼！众僧也休动手。"两边众人被打伤了十数个，见长老来，各自退去。智深见众人退散，撇了桌脚，叫道："长老与洒家做主。"此时酒已七八分醒了。长老道："智深，你连累杀老僧。前番醉了一次，搅扰了一场，我教你兄赵员外得知，他写书来与众僧陪话。今番你又如此大醉无礼，乱了清规，打坍了亭子，又打坏了金刚。这个且由他。你搅得众僧卷堂而走，这个罪业非小。我这里五台山文殊菩萨道场，千百年清净香火去处，如何容得你这等秽污？你且随我来方丈里过几日，我安排你一个去处。"

　　次日，长老叫侍者取领皂布直裰，一双僧鞋，十两白银，房中唤过智深。长老道："智深，你前番一次大醉，闹了僧堂，便是误犯。今次又大醉，打坏了金刚，坍了亭子，卷堂闹了选佛场，你这罪业非轻。又把众禅客打伤了。我这里出家是个清净去处，你这等做，甚是不好。看你赵檀越面皮，与你这封书，投一个去处安身……我有一个师弟，见在东京大相国寺住持，唤做智清禅师。我与你这封书去投他那里，讨个职事僧做。我夜来看了，赠汝四句偈言，你可终身受用，记取今日之言。"智深跪下道："洒家愿听偈言。"长老道：

　　"遇林而起，遇山而富。遇水而兴，遇江而止。"

　　鲁智深是水浒人物里最有玄机的一位，刚刚出家的时候，长老就已经把他的一生都算计好了，并且浓缩成上面这十六个字描绘出来。林是野猪林，山是二龙山，水是八百里水泊，江是钱塘江。四句话说的是，从野猪林起步，在二龙山落草，遇到水泊梁山就要聚义，最后一旦听到钱塘江的大潮，就到了生命的尽头。大家看看这是多么有玄机的一段描述。鲁智深听了四句偈言，拜了长老九拜，收拾了行李包裹还有禅杖戒刀，取道直接往东京而来。五台山到东京汴梁，路也不远，险要处也不多，但是在这短短的一路上，接连发生了几段意想不到的精彩故事，鲁智深交朋、杀恶人、行侠仗义，命悬一线。那么这些精彩的故事都是什么呢？我们下一讲接着说。

为人处世的三种思维

一个标准的中国博士的成长道路如下：小学一年级到高中三年级共计十二年，大学四年，硕士三年，博士四年；每次考试都得高分，每次竞争都顺利通过，每次面试都前几名。这样顺顺利利地读下来，正好是三十周岁。三十岁的人一直待在象牙塔里，没有真正接触过社会，没有真正见识过江湖上的风风雨雨，没有经历过职场上的起落沉浮。这种与社会实践脱节的状态，往往容易造成一个人在为人处世方面比较单纯，甚至比较呆板。鲁智深在离开五台山之后闯江湖的过程中，经历了几个经典事件，比如拳打小霸王、大闹桃花村、火烧瓦罐寺、倒拔垂杨柳。这些事件有一些典型的为人处世的模式值得我们关注。接下来我们就讲讲这些为人处世的思维模式。

细节故事：桃花村拳打小霸王

鲁智深自离了五台山文殊院，取路投东京来，行了半月之上。于路不投寺院去歇，只是客店内打火安身，白日间酒肆里买吃。在路免不得饥餐渴饮，夜住晓行。一日正行之间，贪看山明水秀，不觉天色已晚。但见：

山影深沉，槐阴渐没。绿杨影里，时闻鸟雀归林；红杏村中，每见牛羊入圈。落日带烟生碧雾，断霞映水散红光。溪边钓叟移舟去，野外村童跨犊归。

鲁智深因见山水秀丽，贪行了半日，赶不上宿头，路中又没人作伴，那里投宿是好？又赶了三二十里田地，过了一条板桥，远远地望见一簇红霞，树木丛中闪着一所庄院，庄后重重叠叠都是乱山。鲁智深暗自高兴，正好到这个庄上去投宿。

这个地方叫桃花村，庄主是一位六十多岁的老者刘太公，他热情地招待了鲁智深。太公见鲁智深是个和尚，就问道："师父请吃些晚饭，不知肯吃荤腥也不？"鲁智深道："洒家不忌荤酒，遮莫甚么浑清白酒，都不拣选；牛肉狗肉，但有便吃。"太公道："既然师父不忌荤酒，先叫庄客取酒肉来。"没多时，庄客摋张桌子，放下一盘牛肉，三四样菜蔬，一双箸，放在鲁智深面前。智深解下了腰包、肚包坐定。那庄客镟了一壶酒，拿一只盏子筛下酒，与智深吃。这鲁智深也不谦让，也不推辞。无一时，一壶酒、一盘肉都吃了。太公对席看见，呆了半晌。神情怪怪的，也不说话。鲁智深有点纳闷，但是也没太放在心上。

吃完饭，这个刘太公又嘱咐鲁智深："胡乱教师父在外面耳房中歇一宵，夜间如若外面热闹，不可出来窥望。"智深道："敢问贵庄今夜有甚事？"太公道："非是你出家人闲管的事。"智深道："太公缘何模样不甚喜欢，莫不怪小僧来搅扰你么？明日洒家算还你房钱便了。"太公道："师父听说，我家如常斋僧布施，那争师父一个。只是我家今夜小女招夫，以此烦恼。"鲁智深呵呵大笑道："男大须婚，女大必嫁。这是人伦大事，五常之礼，何故烦恼？"太公道："师父不知，这头亲事不是情愿与的。"智深大笑道："太公，你也是个痴汉，既然不两相情愿，如何招赘做个女婿？"

太公这才说出实情，原来村后不远有座山叫桃花山。近来山上出了两个山大王，聚集着好几百个小喽啰，打家劫舍。前不久来桃花村收取保护费的时候，见刘老汉女儿长得如花似玉，就撒下二十两金子、一匹红锦为定礼，要娶她当压寨夫人。老汉本来不愿意，但是又不敢争执。鲁智深来投宿的这个晚上，正赶上山上寨主按约定来娶压寨夫人。

智深听完之后对老汉说："原来如此！小僧有个道理，教他回心转意，不要娶你女儿如何？"太公道："他是个杀人不眨眼魔君，你如何能勾得他回心转意？"智深道："洒家在五台山真长老处，学得说因缘，便是铁石人也劝得他转。今晚可教你女儿别处藏了，俺就你女儿房内说因缘劝他，便回心转意。"太公道："好却甚好，只是不要捋虎须。"智深道："洒家的不是性命？你只依着俺行，并不要说有洒家。"太公道："却是好也，我家有福，得遇这个活佛下降！"庄客听得，都吃一惊。

太公问智深："再要饭吃么？"智深道："饭便不要吃，有酒再将些来吃。"太公道："有，有。"随即叫庄客取一只熟鹅，大碗斟将酒来，叫智深尽意吃了三二十碗。那只熟鹅也吃了。

这胃口也是真不错，那真是该出手时就出手，该喝酒时就喝酒。

眼见天黑了，鲁智深嘱咐老汉藏好了女儿，自己钻进洞房里，将戒刀放在床头，禅杖把来倚在床边，把销金帐子下了，脱得赤条条地，跳上床去坐了，专等山贼前来。

约莫初更时分，只听得山边锣鸣鼓响。这刘太公怀着鬼胎，庄家们都捏着两把汗，尽出庄门外看时，只见远远地四五十火把，照耀如同白日，一簇人马飞奔庄上来……

只见前遮后拥，明晃晃的都是器械，旗枪尽把红绿绢帛缚着，小喽罗头巾边乱插着野花。前面摆着四五对红纱灯笼，照着马上那个大王。怎生打扮？但见：

头戴撮尖干红凹面巾，鬓傍边插一枝罗锦象生花。上穿一领围虎体绕绒金绣绿罗袍，腰系一条称狼身销金包肚红搭膊。着一双对掩云跟牛皮靴，骑一匹高头卷毛大白马。

那大王来到庄前下了马，只见众小喽罗齐声贺道："帽儿光光，今夜做个新郎。衣衫窄窄，今夜做个娇客。"刘太公慌忙亲捧台盏，斟下一杯好酒，跪在地下。众庄客都跪着。那大王把手来扶道："你是我的丈人，如何倒跪我？"太公道："休说这话，老汉只是大王治下管的人户。"那大王已有七八分醉了，呵呵大笑道："我与你家做个女婿，也不亏负了你。你的女儿匹配我，也好。"……来到厅上，唤小喽罗教把马去系在绿杨树上。小喽罗把鼓乐就厅前擂将起来。大王上厅坐下，叫道："丈人，我的夫人在那里？"太公道："便是怕羞，不敢出来。"大王笑道："且将酒来，我与丈人回敬。"

　　敬过了酒，山大王便急着要见刘小姐，这边刘太公也着急想要鲁智深劝他，两个人就急到一块去了，于是老汉带路一前一后往新房来。转入屏风背后，直到新人房前。太公指与道："此间便是，请大王自入去。"……

　　那大王推开房门，见里面黑洞洞的，大王道："你看我那丈人是个做家的人，房里也不点碗灯，由我那夫人黑地里坐地。明日叫小喽罗山寨里扛一桶好油来与他点。"鲁智深坐在帐子里都听得，忍住笑不做一声。那大王摸进房中，叫道："娘子，你如何不出来接我？你休要怕羞，我明日要你做压寨夫人。"一头叫娘子，一面摸来摸去；一摸摸着销金帐子，便揭起来，探一只手入去摸时，摸着鲁智深的肚皮。被鲁智深就势劈头巾带角儿揪住，一按按将下床来。那大王却待挣扎，鲁智深把右手捏起拳头，骂一声："直娘贼！"连耳根带脖子只一拳。那大王叫一声："做甚么便打老公？"鲁智深喝道："教你认的老婆！"拖倒在床边，拳头脚尖一齐上，打得大王叫救人。刘太公惊得呆了：只道这早晚正说因缘劝那大王，却听的里面叫救人。太公慌忙把着灯烛，引了小喽罗，一齐抢将入来。众人灯下打一看时，只见一个胖大和尚，赤条条不着一丝，骑翻大王在床面前打。为头的小喽罗叫道："你众人都来救大王。"众小喽罗一齐拖枪拽棒，打将入来救时，鲁智深见了，撇下大王，床边绰了禅杖，着地打将出来。小喽罗见来得凶猛，发声喊，都走了。刘太公只管叫苦。打闹里，那大王扒出房门，奔到门前，摸着空马，树上折枝柳条，托地跳在马背上，把柳条便打那马，却跑不去。大王道："苦也！畜生也来欺负我。"再看时，原来心慌不曾解得缰绳。连忙扯断了，骑着护马飞走。出得庄门，大骂刘太公："老驴休慌！不怕你飞了。"把马打上两柳条，不喇喇地驮了大王上山去。

🌀 规律分析：有胆的讲斗，无胆的讲和

大家注意，鲁智深一开始就下定决心要教训教训这个山大王了，不过他编了个谎话来哄这位刘太公，说什么要给山大王说说因果，让他自己放弃这桩婚事。

鲁智深为什么不直接说出自己的打算呢？其实，这就是鲁智深有头脑的地方。他不直接说要动手打山贼有两个原因。

第一个原因是怕老汉胆子小，万一不配合，事情就难办了。大家可以想想，鲁智深是个外来户，一庄子的人和他都是初次见面，没有人见识过他的本领，也没有人相信他的信用。在这种信息严重不对称的情况下，鲁智深提出一个人和几十号山贼动手，村里恐怕没有几个人会支持。大家一定会想，你个云游和尚，打不过可以跑，我们大家有家有业的怎么办，万一你本领不济吃败仗跑了，我们大家跑得了和尚跑不了庙，被那山贼报复起来，可是吃不了兜着走啊！就算你打胜了，将来你个云游和尚抬腿一走，山贼随后回来报复，我们还是吃不了兜着走啊！所以，如果鲁智深直接提出要动手教训山贼，肯定是得不到支持与配合的，十有八九还会招致众人的反对。

第二个原因是桃花村人口众多，保不准哪一个就是山贼的眼线，过早暴露动手的意图，万一山贼有了准备，众寡悬殊，还真不是闹着玩的。

所以，鲁智深来了一个稳军之计，告诉老汉并众人，自己有一个威力无比的办法，就是给这个山贼说说因果，凭着三寸不烂之舌和威力无比的佛法，一定能让他放弃婚约，把这件事情和平解决了。

在缺乏了解与信任、大家胆子又比较小的情况下，这种稳军之计是非常必要的。

生活中，我们也会遇到这种情况，新到一个地方，大家对你缺乏了解和信任，在这种情况下，要完成挑战性的任务，最好先稳定大家的情绪，让众人放心，再逐步实施计划。要借鉴鲁智深的经验，让大家多生信心少生担心，人人放心处处开心。心安了，局面才能稳，事情才能成。

还有一个小建议给大家，现在的孩子们一般都是远离家乡在外地工作。季节交替的时候，难免就有个感冒发烧头疼脑热的，这样的小毛病稍微休息一下，吃点药也就好了，大家就不要在给父母打电话的时候，把这个事情也汇报一下。因为父母离得那么远，他们听说你病了，就会有各种担心和牵挂，而且父母年纪也大了，又不可能一下子出现在你面前，越是这样，他们越是担心，于是一点点小毛病往往搞得全家人心惶惶，甚至会影响老人的饮食起居。所以，传统文化给我们的经验就是，随着长辈们年纪越来越大，我们遇到这类事情往往要采取稳军之计，大事化小，小事化了，报喜不报忧，减少长辈们的担忧。

我们看《水浒传》，一开始对鲁智深的印象往往是他性格粗鲁、脾气火爆，没什么心机智谋。不过多读几遍，仔细品一品，我们就会发现，其实鲁智深真的就像他的名字一样，表面虽鲁，但是智谋很深。

这一次，鲁智深辞别师父智真长老下了五台山前往东京汴梁城，一路上经历了三起重大事件，分别是拳打小霸王、大闹桃花山和火烧瓦罐寺。这三次事件当中，鲁智深都表现出非常成熟的思维模式和行为模式，真可以说是经验老到，机智过人。我们把鲁智深闯江湖的经验总结成三种思维模式，一一推荐给大家。

思维模式一：威下不威上，礼弱不礼强

刘太公扯住鲁智深道："和尚，你苦了老汉一家儿了。"鲁智深说道：

"休怪无礼。且取衣服和直裰来，洒家穿了说话。"大家看看，鲁智深对刘太公非常客气，举止非常有分寸。

庄家去房里取来，智深穿了。太公道："我当初只指望你说因缘，劝他回心转意，谁想你便下拳打他这一顿。定是去报山寨里大队强人来杀我家。"智深道："太公休慌。俺说与你，洒家不是别人，俺是延安府老种经略相公帐前提辖官，为因打死了人，出家做和尚。休道这两个鸟人，便是一二千军马来，洒家也不怕他。你们众人不信时，提俺禅杖看。"

除了自我介绍，鲁智深还用实际行动证明了自己的实力，让刘太公安心。

一条镔铁禅杖庄客们那里提得动。智深接过来手里，一似捻灯草一般使起来。太公道："师父休要走了去，却要救护我们一家儿使得。"一看太公有信心了，鲁智深就非常真诚直接地表了个决心。智深道："甚么闲话！俺死也不走。"表决心的话，一定要真诚质朴，千万不要卖弄辞藻玩文字游戏，就简单直接，说家乡话，说心里话就可以。

太公道："且将些酒来师父吃，休得要抵死醉了。"鲁智深道："洒家一分酒只有一分本事，十分酒便有十分的气力。"太公道："恁地时最好。我这里有的是酒肉，只顾教师父吃。"

请大家关注鲁智深前后态度的变化。

在对待山大王的时候，张嘴就是一句直娘贼，抬手就是一个通天炮，整个就是一个炸药桶，但是到刘太公这里，态度立刻变得温和，不急不躁的。

这就是鲁智深的江湖经验，对逞强的人，一定要展示实力，盖过他的强，让他服气，让他服软；对于弱势的人，一定要态度和善温和沟通，让他信任，让他安心；对弱者保持低姿态，彬彬有礼，客客气气，展示自己的修养和境界；对强者保持高姿态，拿出实力和排场来，展示自己的威风，这个策略就叫礼弱不礼强。

人与人交往也是这样，国与国的外交也是如此，对弱势的人，我们要讲礼貌讲道理多关心多关照；对那些强势的人，一定要展示一下我们自己的实力，杀一杀他的威风。对弱小的国家，要尊重关心平等互利；对强大的国家，要时不时地展示一下实力，秀一秀肌肉，亮一亮嗓门。

其实鲁智深这种为人处世的态度，从他最开始到桃花村的时候，就有很典型的表现。

《水浒传》专门用了一些篇幅展示鲁智深和庄客们的对话：

话说鲁智深径奔到庄前看时，见数十个庄家忙忙急急搬东搬西。鲁智深到庄前，倚了禅杖，与庄客打个问讯。庄客道："和尚，日晚来我庄上做甚的？"智深道："小僧赶不上宿头，欲借贵庄投宿一宵，明早便行。"庄客道："我庄上今夜有事，歇不得。"智深道："胡乱借洒家歇一夜，明日便行。"庄客道："和尚快走，休在这里讨死。"智深道："也是怪哉！歇一夜打甚么不紧，怎地便是讨死？"庄家道："去便去，不去时便捉来缚在这里。"鲁智深大怒道："你这厮村人，好没道理。俺又不曾说甚的，便要绑缚洒家。"庄家们也有骂的，也有劝的。鲁智深提起禅杖，却待要发作。只见庄里走出一个老人来，但见：

髭须似雪，发鬓如霜。行时肩曲头低，坐后耳聋眼暗。头裹三山暖帽，足穿四缝宽靴。腰间绦系佛头青，身上罗衫鱼肚白。好似山前都土地，正如海底老龙君。

那老人年近六旬之上，挂一条过头拄杖，走将出来，喝问庄客："你们闹甚么？"庄客道："可奈这个和尚要打我们。"智深便道："小僧是五台山来的和尚，要上东京去干事，今晚赶不上宿头，借贵庄投宿一宵。庄家那厮无礼，要绑缚洒家。"那老人道："既是五台山来的僧人，随我进来。"智深跟那老人直到正堂上，分宾主坐下。那老人道："师父休要怪，庄家们不省得师父是活佛去处来的，他作繁华一例相看。老汉从来敬重佛天三宝，虽是我庄上今夜有事，权且留师父歇一宵了去。"智深将禅杖倚了，起身打个问讯，谢道："感承施主。小僧不敢动问贵庄高姓？"

对庄客要亮亮拳头，耍耍威风，但是见了老庄主刘太公，鲁智深就彬彬有, 礼客客气气了。那有人说了, 这是不是鲁智深势利眼, 看人下菜碟, 见了有权有势的, 就趋炎附势呢? 当然不是。大家注意, 庄客对待鲁智深的态度和言语, 和庄主刘太公那可是完全不一样的。我们来看看鲁智深的方式藏着什么样的智慧。

智慧箴言

对态度粗鲁不讲理的人, 要拿出威风来震慑他, 你亮拳头, 我也亮拳头, 我的拳头比你的拳头还大, 这叫以力服人; 对和颜悦色讲道理的人, 则不能要威风, 要拿出礼貌去敬重他, 这叫礼尚往来。对境界低下的人, 就要震慑一下; 但是对于境界高的人, 就要礼尚往来。我们把这个模式总结成五个字, 叫威下不威上。

所以, 鲁智深这个尺度是把握得很好的。果然, 被打走的山贼搬来了救兵, 不过, 一场你死我活的拼杀却没有发生。因为鲁智深发现, 为首的山大王居然是旧相识, 打虎将李忠。李忠也认出了鲁智深。两个人握手言欢。鲁智深把李忠拉进桃花村里叙旧。

鲁智深坐在正面, 唤刘太公出来。那老儿不敢向前, 智深道: "太公休怕他, 他是俺的兄弟。" 李忠坐了第二位, 太公坐了第三位。

接下来, 我们看看鲁智深是怎么解决问题和处理这桩婚事搭救刘太公女儿的。

思维模式二: 谋事不谋人, 告取不告求

鲁智深道: "你二位在此。俺自从渭州三拳打死了镇关西, 逃走到代州雁门县, 因见了洒家贲发他的金老。那老儿不曾回东京去, 却随个相识也在雁门县住。他那个女儿就与了本处一财主赵员外, 和俺厮见了, 好生

相敬。不想官司追捉的洒家要紧，那员外赔钱去送俺五台山智真长老处落发为僧。洒家因两番酒后闹了僧堂，本师长老与俺一封书，教洒家去东京大相国寺投托智清禅师，讨个职事僧做。因为天晚，到这庄上投宿，不想与兄弟相见。却才俺打的那汉是谁？你如何又在这里？"李忠道："小弟自从那日与哥哥在渭州酒楼前同史进三人分散，次日听得说哥哥打死了郑屠，我去寻史进商议，他又不知投那里去了。小弟听得差人缉捕，慌忙也走了。却从这山下经过。却才被哥哥打的那汉，先在这里桃花山扎寨，唤做小霸王周通。那时引人下山来，和小弟厮杀，被我赢了他，留小弟在山上为寨主，让第一把交椅教小弟坐了，以此在这里落草。"智深道："既然兄弟在此，刘太公这头亲事再也休题。他止有这个女儿，要养终身。不争被你把了去，教他老人家失所。"太公见说了，大喜，安排酒食出来，管待二位。小喽罗们每人两个馒头，两块肉，一大碗酒，都教吃饱了。太公将出原定的金子段匹，鲁智深道："李忠兄弟，你与他收了去，这件事都在你身上。"李忠道："这个不妨事。且请哥哥去小寨住几时，刘太公也走一遭。"太公叫庄客安排轿子，抬了鲁智深，带了禅杖、戒刀、行李。李忠也上了马。太公也坐了一乘小轿。

　　却早天色大明，众人上山来。智深、太公到得寨前，下了轿子，李忠也下了马，邀请智深入到寨中，向这聚义厅上三人坐定。李忠叫请周通出来。周通见了和尚，心中怒道："哥哥却不与我报仇，倒请他来寨里，让他上面坐。"李忠道："兄弟，你认得这和尚么？"周通道："我若认得他时，却不吃他打了。"李忠笑道："这和尚便是我日常和你说的，三拳打死镇关西的便是他。"周通把头摸一摸，叫声："呵呀！"扑翻身便剪拂。鲁智深答礼道："休怪冲撞。"三个坐定，刘太公立在面前。鲁智深便道："周家兄弟，你来听俺说。刘太公这头亲事，你却不知，他只有这个女儿养老送终，承祀香火，都在他身上。你若娶了，教他老人家失所，他心里怕不情愿。你依着洒家，把来弃了，别选一个好的。原定的金子段匹，将在这里。你心下如何？"周通道："并听大哥言语，兄弟再不敢登门。"智深道："大丈夫作事，却休要翻悔。"周通折箭为誓。刘太公拜谢了，纳还金子段匹，自下山回庄去了。

上山见面的特殊意义：树怕扒皮，人怕见面。重要的事情必须当面谈清楚。当面做出的承诺，才有约束力。小霸王周通必须当面承诺放弃婚事，不再骚扰刘太公女儿才行。

在李忠的劝告和鲁智深的监督之下，当着刘太公和众人的面，周通折箭为誓，这就保证了将来即使鲁智深离开了，周通也不会反悔。在这方面，鲁智深想得还是很细的。

那么事情办完了，鲁智深会不会留下来和李忠、周通一起当个山寨之主呢？

《水浒传》原著是这么写的：住了几日，鲁智深见李忠、周通不是个慷慨之人，作事悭吝，只要下山。两个苦留，那里肯住，只推道："俺如今既出了家，如何肯落草。"

所以大家看到了，鲁智深之所以上山，主要是为了把刘太公女儿这个事情办理妥当，免除后患。他自己根本不愿意留在桃花山。倒不是不喜欢当山寨之主，主要是不喜欢李忠、周通这两个人。这两个人表面上看是吝啬，在吝啬小气背后，是以利为先的行为模式，他们把钱看得太重，这是鲁智深完全不认可的。所以办完事以后，他找借口一定要走。正所谓道不同不相为谋。

我们总结一下鲁智深的桃花山之行，就能体会到他做事的思路。虽然鲁智深不认可那两个人，但是他也不准备在山寨落草当头领，上山见面还是必要的。临时合作一次，把事情办完了，也不说什么过火的话，找个借口离开这两个人，这个思路叫谋事不谋人。

在职场上，有人总是抱怨这个同事如何，那个客户如何，这个领导性格不对，那个同事人品不好。其实，按照谋事不谋人的思路，一切都变得很简单，大家在一起合作就是把任务完成，把事情做好，至于别人怎么样，完全没必要那么纠结。看得惯就看，看不惯就不看。鲁智深对周通、李忠采取的就是这个态度，很潇洒，很自在。

另外，在整个事件中，虽然要李忠劝说周通放弃婚事，不过鲁智深完全没有半点低声下气央求的意思，一直是态度平稳、理直气壮的。

鲁智深的思路就是，要讲打，我占优势，要讲理，我也占理。这样的事情，完全没有必要低声下气，只要和和气气告诉对方我想要什么结果就可以了。后边上山以后他对周通也是这个态度。

我是来拿东西的，不是来求东西的；我是来拿结果的，不是来求结果的。这个思路叫告取不告求。后边看到李忠、周通太吝啬，非要下山再劫一路客商，用劫夺来的金银送给鲁智深做盘缠。鲁智深实在是有点不痛快，但也没有发作，趁着二人下山的机会打翻了身边的两个小喽啰，直接把桌子上的金银器皿踩扁了装了一大包裹，直接从后山走了。这也是告取不告求的做法，我让你知道我拿了，但是我不求你，我就直接拿了，该拿什么拿什么。

谋人不谋事，告取不告求，这是鲁智深在处理人际关系的时候，对那些自己看不惯的人的基本态度。

离了桃花山，走了一程，鲁智深才发现自己没有吃早点。按理说，一顿早点没吃也不算什么，但是没吃这顿早饭，差点给鲁智深带来杀身之祸。所以，告诉各位，特别是年轻人，早餐还是要吃的。

思维模式三：身安心治，势壮力来

话说鲁智深走过数个山坡，见一座大松林，一条山路。随着那山路行去，走不得半里，抬头看时，却见一所败落寺院，被风吹得铃铎响。看那山门时，上有一面旧朱红牌额，内有四个金字，都昏了，写着"瓦罐之寺"。又行不得四五十步，过座石桥，再看时，一座古寺，已有年代。入得山门里，仔细看来，虽是大刹，好生崩损。

花和尚鲁智深在离开桃花山之后，来到了赤松林中的一座叫瓦罐寺的破败寺院，因为饥饿走到寺中，看到了几个老和尚。老和尚告诉鲁智深，这座瓦罐寺被两个贼人强占了，这两个贼人一个是和尚崔道成，一个是道士丘小乙，都是无恶不作之徒。这时鲁智深发现崔道成和丘小乙正和一个女子喝酒享乐，便去找他们算账。崔道成和丘小乙先用假话骗住了鲁智深，等鲁智深发现上当后，两人拔刀向鲁智深扑来。因为鲁智深肚子饥饿，不是这两个贼人的对手，只得逃出瓦罐寺，躲进了赤松林。

我们来排一下鲁智深的武功名次，绝对是一百零八条好汉当中的前十名。为什么这么高的武功却打不过两个恶人崔道成和丘小乙呢？一方面，这两个人武功确实不低，大家想想他们两个绰号，一个叫飞天夜叉，一个叫生铁佛，这样的绰号标志着这两个人都有些手段。另一方面，我们考虑考虑鲁智深自身的因素，这次鲁智深路过瓦罐寺他吃了两个亏：一是长途跋涉加上水米未进，身体处于相当困乏的状态；一个是对方两个人，鲁智深一个人，总是面临背后的偷袭，两面作战。这两个方面的不利因素严重限制了鲁智深战斗力的发挥。

我十六岁外出求学，这是我人生第一次出远门，从丰宁经过北京去石家庄。我的父母嘱咐我在外生活的两个注意事项，至今都令我记忆犹新：一个是妈妈对我说，要注意饱拿干粮热拿衣，这顿吃饱了下顿还会饿，现在天热了，说不定一会儿就降温变天，所以即使吃饱了也要随身带干粮，即使现在有点热也要拿着备用的衣服，这样才能远离饥寒；一个是爸爸对我说，外出的时候最好两个人，遇到事儿了有个商量，突发情况有个帮手，互相介绍、站脚助威、通风报信、取长补短，这都方便。

当年的鲁智深要是有了我父母的这两条建议，就不会经历瓦罐寺被恶人打败这种事情了。大家设想一下，如果鲁智深手里有干粮，身边有帮手，吃得饱喝得足，还有人帮他对付背后袭击，他肯定会发挥自己最强的战斗力，三下五除二就把两个恶人给打趴下了。

所以我们对鲁智深瓦罐寺吃败仗做一个定性的评估，叫作英雄落单。

生活就是这样，什么情况都有可能发生，谁都有可能落单，英雄好汉会落单，大将军会落单，就算李世民这样的帝王，也有落单的时候。一旦出现这种情况，必须迅速改变处境，扭转被动局面，想一个解决办法。

鲁智深就找到了自己的解决方案，那就是好兄弟九纹龙史进。

说来也巧，吃了败仗之后，鲁智深沿着山路往回走路过赤松林，突然遇见有人打劫，一番打斗之后，发现那人竟是自己原来的好朋友九纹龙史进，兄弟相见十分高兴。史进给了鲁智深一些干肉烧饼，这个东西能量充足。鲁智深恢复气力之后，便和史进两个一起赶回瓦罐寺，再去找崔道成和丘小乙。

这一次，鲁智深的状态跟上次完全不一样了，三下五除二就将恶人打翻在地，结果了性命。因为吃饱喝足又歇息了一会，身体比较舒服，所以本事和力气都能使到十分。

其实，我们的生活中经常出现这种情况，一个人身体不舒服往往会心神散乱、情绪不稳，本来十分熟练的事情都会出问题，我就有亲身的体会。

记得上小学的时候，班主任老师比较照顾我，把我安排坐在火炉旁考试，熊熊炉火把我烤得满脸通红，浑身冒着热气，就像刚出锅的大螃蟹，结果不但衣服烤煳了，考试也考"煳"了，好几道本来应该会的题都糊里糊涂地答错了。考试结束出了教室，凉风一吹，舒舒服服地喝了一杯凉白开，喘几口气，几道答错的题马上就会了。这就叫身安心治，身不安心就乱。

现在鲁智深也是一样，吃饱喝足歇了一会儿，刚才饥肠辘辘的疲乏状态一扫而光，整个人的精神头一下就来了。而且他还增加了一个有利条件，就是多了九纹龙史进这个帮手。史进可不是一般人啊，他在水泊梁山的头领当中武功排名也是十分靠前的。有了史进，鲁智深心里踏实多了，他走着，史进看着；他喊着，史进也跟着喊；他动手，史进也动手，再也不用担心恶人偷袭、两面作战的困境了。有了这样的一个帮手在旁边摇旗呐喊，鲁智深觉得浑身上下全是劲儿，这叫势壮力来，势不壮胆气就虚。

打仗就是要拼心理状态，拼精气神，拼精神头。

　　鲁智深现在吃饱了，又有史进帮助，两人合力将那两个贼人杀死，却发现那些老和尚和那个女子已经自尽了。鲁智深和史进只得一把火烧了瓦罐寺，离开赤松林，史进去往少华山，鲁智深则往东京汴梁而来。

　　我们常说，一个篱笆三个桩，一个好汉三个帮，鱼离不开水，鸟离不开林，人生在世离不开朋友。不过，交朋友也是要讲缘分的，比如鲁智深这次路过桃花山，火烧瓦罐寺，前后遇到三个好汉周通、李忠、史进，其中李忠、周通非常想挽留鲁智深，但是鲁智深与他们处不惯合不来，属于道不同不相为谋；和史进呢，处也处得惯，合也合得来，不过却是各奔前程，擦肩而过，没有条件在一起，属于人生缺乏交集，不在一条路上。人生中遇到的人，有些叫同路人，有些叫同道人，如果说鲁智深和李忠、周通属于同路不同道，那么他和史进就是同道不同路，这两种人都不可能成为身边人。只有同道又同路的人，才能成为相伴一生的好朋友。再往前走，就是北宋的都城东京汴梁了，鲁智深在那里会不会遇到同道又同路的人呢？又会有什么样的精彩故事等着他呢？我们下一讲接着说。

快速服众用三招

我们都知道团结就是力量的道理，在民间流行着很多这方面的谚语。比如，一人拾柴火不旺，众人拾柴火焰高；一根线容易断，万根线能拉船；一人踏不倒地上草，众人能踩出阳关道。确实，做事情就是要大家齐心协力才行。前几天我加入了一个国学的群，本来准备大家齐心协力做一些传播传统文化的公益事业，但是没几天就有人站出来指责群主，接着就是各种明里和暗里的争执，什么指桑骂槐、隔山打牛、小题大做、借酒装疯全都用上了。又过了几天，群主心灰意冷直接就把这个群给解散了。

我发现，本来大家都想做点有意义的好事情，但是问题在于，很多人对这个带头的群主缺乏信任，此时再有小人在那里造谣生事、煽风点火，那么团结的局面就会遭到破坏。群主没有足够的号召力，也没有采取积极的措施去维护自己的威信，最后只好半途而废不了了之。

其实，快速采取措施消除干扰、树立威信是有办法的，今天我们就来讲讲快速服众的三个办法。

细节故事：相国寺里做菜头

　　鲁智深辞别了史进一路来到东京汴梁城。看见东京热闹，市井喧哗，来到城中，陪个小心，问人道："大相国寺在何处？"街坊人答道："前面州桥便是。"智深提了禅杖便走，早来到寺前，入得山门看时，端的好一座大刹。但见：

　　山门高耸，梵宇清幽。当头敕额字分明，两下金刚形势猛。五间大殿，龙鳞瓦砌碧成行；四壁僧房，龟背磨砖花嵌缝。钟楼森立，经阁巍峨。幡竿高峻接青云，宝塔依稀侵碧汉。木鱼横挂，云板高悬。佛前灯烛荧煌，炉内香烟缭绕。幢幡不断，观音殿接祖师堂；宝盖相连，水陆会通罗汉院。时时护法诸天降，岁岁降魔尊者来。

　　鲁智深进得寺来，由知客僧引着见到了方丈智清长老，拜了三拜，将书呈上。清长老接书，把来拆开看时，上面写道："智真和尚合掌白言贤弟清公大德禅师：不觉天长地隔，别颜暌远。虽南北分宗，千里同意。今有小浣：敝寺檀越赵员外剃度僧人智深，俗姓是延安府老种经略相公帐前提辖官鲁达，为因打死了人，情愿落发为僧。二次因醉，闹了僧堂，职事人不能和顺。特来上刹，万望作职事人员收录。幸甚！切不可推故。此僧久后正果非常，千万容留。珍重，珍重！"清长老读罢来书，便道："远来僧人且去僧堂中暂歇，吃些斋饭。"智深谢了，收拾起坐具、七条，提了包裹，拿了禅杖、戒刀，跟着行童去了。把鲁智深打发走了之后，长老召集寺中众多职事僧人商量对策。

　　智清长老很担心鲁智深把大闹五台山的勾当在相国寺再重演一遍，就对大家说："汝等众僧在此。你看我师兄智真禅师好没分晓！这个来的僧人，原来是经略府军官，为因打死了人，落发为僧，二次在彼闹了僧堂，因此难着他。你那里安他不的，却推来与我。待要不收留他，师兄如此千万嘱付，不可推故。待要着他在这里，倘或乱了清规，如何使得？"

知客道：“便是弟子们看那僧人，全不似出家人模样，本寺如何安着得他？”都寺便道：“弟子寻思起来，只有酸枣门外退居廨宇后那片菜园，时常被营内军健们并门外那二十来个破落户，时常来侵害，纵放羊马，好生罗唣。一个老和尚在那里住持，哪里敢管他。何不教智深去那里住持，倒敢管的下。”清长老道：“都寺说的是。教侍者去僧堂内客房里，等他吃罢饭，便唤将他来。”

侍者去不多时，引着智深到方丈里。清长老道：“你既是我师兄真大师荐将来我这寺中挂搭，做个职事人员。我这敝寺有个大菜园，在酸枣门外岳庙间壁，你可去那里住持管领。每日教种地人纳十担菜蔬，余者都属你用度。”智深便道：“本师真长老着小僧投大刹讨个职事僧做，却不教俺做个都寺、监寺，如何教洒家去管菜园？”首座便道：“师兄，你不省得。你新来挂搭，又不曾有功劳，如何便做得都寺？这管菜园也是个大职事人员了。”智深道：“洒家不管菜园，俺只要做都寺、监寺。”首座又道：“你听我说与你。僧门中职事人员，各有头项。且如小僧，做个知客，只理会管待往来客官僧众。假如维那、侍者、书记、首座，这都是清职，不容易得做。都寺、监寺、提点、院主，这个都是掌管常住财物。你才到的方丈，怎便得上等职事？还有那管藏的唤做藏主，管殿的唤做殿主，管阁的唤做阁主，管化缘的唤做化主，管浴堂的唤做浴主，这个都是主事人员，中等职事。还有那管塔的塔头，管饭的饭头，管茶的茶头，管菜园的菜头，管东厕的净头，这个都是头事人员，末等职事。假如师兄你管了一年菜园，好，便升你做个塔头；又管了一年，好，升你做个浴主；又一年，好，才做监寺。”智深道：“既然如此，也有出身时，洒家明日便去。”话休絮烦，清长老见智深肯去，就留在方丈里歇了。当日议定了职事，随即写了榜文，先使人去菜园里退居廨宇内挂起库司榜文，明日交割。当晚各自散了。次日，清长老升法座，押了法帖，委智深管菜园。智深到座前领了法帖，辞了长老，背上包裹，跨了戒刀，提了禅杖，和两个

送入院的和尚直来酸枣门外廨宇里来住持。

规律分析：天生我材必有用

安排鲁智深来管理十分难管的菜园子真是一个非常绝妙的主意。在这个挑战性的岗位上，鲁智深找到了自己的用武之地，而相国寺的长老们也除去一块心病，解决了一个老大难的问题。

菜园子一直受当地一群泼皮无赖的侵害和干扰，前几任的菜头都管不好。

这些泼皮无赖张嘴就骂抬手就打，阴毒坏损各种手段一起上，庙里一般的僧人哪能对付得了。但是，对付这些人，鲁智深就再合适不过了。

鲁智深的特点是行为憨直、性子火暴，动不动就挥拳头，这看起来是缺点，但是在菜园子里就偏偏找到了用武之地。

> **智慧箴言**
>
> 高明的用人最要紧的是考虑一个匹配性的问题，没有绝对的优缺点，优点用不好可能就是负担，缺点用好了可能就是长处。

有一个关于匹配的小故事。话说有一个农民，家里有五个儿子，分别有这样或者那样的"缺点"：一个老实巴交，一个聪明善变，一个盲人，一个驼背，还有一个跛脚。按照常理，这种有"缺点"的家庭一定不幸，所幸的是农民独具慧眼，把每个人的特点都发挥得恰到好处：他安排让老实的儿子种田养猪，聪明的儿子经营开店，失明的儿子按摩，驼背的儿子搓绳，跛脚的儿子纺线。全家各得其所，安居乐业。

┌─ 智慧箴言 ─┐

　　正所谓天生我材必有用，精彩全在巧安排。骏马能历险，犁田不如牛；坚车能载物，渡河不如舟。尺有所短，寸有所长。世间万物各有其用，没有绝对的优劣好坏之分。每个人都有自己的特长，用人首先要考虑的就是合不合适，匹配不匹配。同样一个人，用好了就是精彩，安排错了就是障碍。

　　比如宋朝皇帝宋徽宗，如果安排他做一个书画院的院长，那应该是非常成功的，当个书法家协会的主席也是非常合格的，但他偏偏是皇帝。一个人的悲剧就是所做的并非是适合自己的事情，但又不得不做，最后落得身败名裂。

　　再比如三国里的马谡理论水平高，善于谋划全局，安排他做参军就能发挥巨大作用，委派他去守街亭就会导致惨重失败。有新闻报道，某知名公司在制造感光材料时，需要有人在暗室工作，但视力正常的人一进入暗室，犹如司机驾驶着失控的车辆不知所措。针对这种情况，有人建议：盲人习惯在黑暗中生活，如果让盲人来干这项工作，定能提高效率。于是，该公司将暗室的工作人员全部换成盲人。可谓善于用人的经典案例。

　　瓜无滚圆，人无十全；金无足赤，人无完人。人都有长处和短处，这些长处和短处并非一成不变的。在一定条件下，长与短还可以互相转化。安排好了，短处可以变成长处，安排不好，长处也可能变成短处。我们要学会用辩证的眼光来看待一个人的长处和短处。大多数人都是可用之材，只看是否用得适当，是否用其所长，扬其所长。

　　相国寺的这份人事安排真的给了鲁智深一个很棒的施展空间，当了酸枣门外的菜头，对别人来说是一场灾难、一个烦恼，而对鲁智深来说却是一件有趣味的事、有好处的事。不过万事开头难，就在鲁智深高高兴兴来上任的时候，他也没有想到，早有一群人已经在暗地里策划如何给他来个下马威了。我们来看看鲁智深是如何服众、如何震住这帮捣乱分子的。

一般来说，快速制服捣乱分子，树立自己的威信，主要用到以下三个策略。

策略一：擒贼擒王，针对带头人实施震慑行动

酸枣门外的这个菜园子确实是一个烫手的山芋：一是没人愿意接管，二是它是必须管好的地方。

为什么一个普普通通的菜园子就这么难管呢？因为菜园左近，有二三十个赌博不成才破落户泼皮，泛常在园内偷盗菜蔬，靠着养身。因来偷菜，看见廨宇门上新挂一道库司榜文，上说："大相国寺仰委管菜园僧人鲁智深前来住持，自明日为始掌管，并不许闲杂人等入园搅扰。"那几个泼皮看了，便去与众破落户商议道："大相国寺里差一个和尚，甚么鲁智深，来管菜园。我们趁他新来，寻一场闹，一顿打下头来，教那厮伏我们。"数中一个道："我有一个道理。他又不曾认的我，我们如何便去寻的闹？等他来时，诱他去粪窖边，只做恭贺他，双手抢住脚，翻筋斗擸那厮下粪窖去，只是小耍他。"众泼皮道："好，好！"商量已定，且看他来。

却说鲁智深来到廨宇退居内房中，安顿了包裹、行李，倚了禅杖，挂了戒刀。那数个种地道人都来参拜了，但有一应锁钥，尽行交割。那两个和尚同旧住持老和尚，相别了尽回寺去。

且说智深出到菜园地上，东观西望，看那园圃。只见这二三十个泼皮，拿着些果盒酒礼，都嘻嘻的笑道："闻知和尚新来住持，我们邻舍街坊都来作庆。"智深不知是计，直走到粪窖边来。那伙泼皮一齐向前，一个来抢左脚，一个来抢右脚，指望来擸智深。只教智深：脚尖起处，山前猛虎心惊；拳头落时，海内蛟龙丧胆……

话说那酸枣门外三二十个泼皮破落户中间，有两个为头的，一个叫做过街老鼠张三，一个叫做青草蛇李四。这两个为头接将来，智深也却好去粪窖边，看见这伙人都不走动，只立在窖边，齐道："俺特来与和尚作

庆。"智深道:"你们既是邻舍街坊,都来廨宇里坐地。"张三、李四便拜在地上,不肯起来。只指望和尚来扶他,便要动手。智深见了,心里早疑忌道:"这伙人不三不四,又不肯近前来,莫不要擪洒家?那厮却是倒来将虎须,俺且走向前去,教那厮看洒家手脚。"智深大踏步近前,去众人面前来。那张三、李四便道:"小人兄弟们特来参拜师父。"口里说,便向前去,一个来抢左脚,一个来抢右脚。智深不等他占身,右脚早起,腾的把李四踢下粪窖里去。张三恰待走,智深左脚早起,两个泼皮都踢在粪窖里挣扎。后头那二三十个破落户,惊的目瞪痴呆,都待要走。智深喝道:"一个走的,一个下去!两个走的,两个下去!"众泼皮都不敢动弹。只见那张三、李四在粪窖里探起头来。原来那座粪窖没底似深,两个一身臭屎,头发上蛆虫盘满,立在粪窖里,叫道:"师父,饶恕我们。"智深喝道:"你那众泼皮!快扶那鸟上来,我便饶你众人。"众人打一救,挽到葫芦架边,臭秽不可近前。智深呵呵大笑道:"兀那蠢物!你且去菜园池子里洗了来,和你众人说话。"两个泼皮洗了一回,众人脱件衣服与他两个穿了。

智深叫道:"都来廨宇里坐地说话。"智深先居中坐了,指着众人道:"你那伙鸟人,休要瞒洒家,你等都是什么鸟人,到这里戏弄洒家?"那张三、李四并众火伴一齐跪下,说道:"小人祖居在这里,都只靠赌博讨钱为生。这片菜园是俺们衣饭碗,大相国寺里几番使钱要奈何我们不得。师父却是那里来的长老?恁的了得!相国寺里不曾见有师父。今日我等愿情伏侍。"智深道:"洒家是关西延安府老种经略相公帐前提辖官,只为杀的人多,因此情愿出家,五台山来到这里。洒家俗姓鲁,法名智深。休说你这三二十个人直什么,便是千军万马队中,俺敢直杀的入去出来!"众泼皮喏喏连声,拜谢了去。

要树立威风,最高效的手段就是通过处理一个典型来镇服众人。有人把这个手段形象地称为杀鸡儆猴。其实,到底是不是杀鸡儆猴,还是值得探讨的。我们不妨把这个例子放大来考虑。假如一个新来的领导要给一群

大象当头领，要管理一群大象，这群大家伙都不听话怎么办？领导捏起一只蚂蚁，一巴掌拍扁说："谁不听话，就这下场！"所有的大象会捏着鼻子嘲笑：就这点本事！

相反，大家想想，要管理一群蚂蚁，它们都不听话怎么办？领导抓过一头大象，一巴掌拍扁说："谁不听话，就这下场！"所有的蚂蚁会全体起立，伸着小拳头高呼：支持领导！

拍扁蚂蚁给大象看，得到的只能是嘲笑；拍扁大象给蚂蚁看，才能获得威严。只有处罚了有分量的人，才能起到震慑的效果。这个策略就是"罚上立威"。所以，我们应该碾死大象给蚂蚁看。回过头来看，一般来说鸡是比猴子小的，所以如果真的想取得管理的效果，更好的方法恐怕是杀猴给鸡看。新官上任当天就把门口看自行车的保安给骂哭了，根本起不到树立威信的作用，相反只能让大家嘲笑。只有处罚有足够分量的对象，才能有成效。

大家看，鲁智深就是用了这个办法，首先针对带头的张三、李四二人，来了个擒贼擒王，一脚一个，毫不犹豫地把两个带头闹事的泼皮踢进了粪坑，一下子就震住了众人，不但解除了危机，还树立了自己的威严。

同时，还要提醒一下，威信威信，有威还要有信。如何树立信用呢？秦国的商鞅给了我们一个很好的借鉴。

🌊 商鞅南门立木的故事

战国时期，秦国商鞅准备变法，公布法令之前，担心老百姓对法令没有足够的信任，于是就使用了一个很有效的小技巧。他让人在南门立了一根三丈的木杆，公告说如果有人能把木杆移动到北门就给予十金的奖励。老百姓觉得移动小木杆就给金子，这个事情很奇怪，没人敢动手。商鞅就把奖金增加到五十金。后来有个人上前把木杆移到了北门，真的当场得到五十金的奖励，于是大家对商鞅信心大增，对他提出的主张、下达的指令都格外信服。

这个策略叫赏小取信。赏大不取信，必须赏小。人们的心理是这样的：大家都觉得，大成绩、大事业得到回报是理所应当的，领导者奖励大成绩、大贡献，本身就顺理成章。所以这种奖励对群众的影响不大，起到的宣传示范作用也不大。而小事情就不一样，小事情不起眼，容易忘记、容易忽略，只要在容易忽略的环节表现出足够的重视，就能取得大家的关注，从而起到足够的示范作用，让群众信服。

不过要想站稳脚跟，仅靠一次震慑行动是不够的，鲁智深又准备了第二招，这一招如同三拳打死镇关西一样让他再一次名扬天下。

策略二：开门见山，以震撼性的效果亮出实力

次日，众泼皮商量，凑些钱物，买了十瓶酒，牵了一个猪，来请智深。都在廨宇内安排了，请鲁智深居中坐了，两边一带坐定那二三十泼皮饮酒。智深道："甚么道理，叫你众人们坏钞。"众人道："我们有福，今日得师父在这里，与我等众人做主。"智深大喜。吃到半酣里，也有唱的，也有说的，也有拍手的，也有笑的。正在那里喧哄，只听得门外老鸦哇哇的叫。众人有扣齿的，齐道："赤口上天，白舌入地。"智深道："你们做甚么鸟乱？"众人道："老鸦叫，怕有口舌。"智深道："那里取这话！"那种地道人笑道："墙角边绿杨树上新添了一个老鸦巢，每日只咶到晚。"众人道："把梯子去上面拆了那巢便了。"有几个道："我们便去。"智深也乘着酒兴，都到外面看时，果然绿杨树上一个老鸦巢。众人道："把梯子上去拆了，也得耳根清净。"李四便道："我与你盘上去，不要梯子。"智深相了一相，走到树前，把直裰脱了，用右手向下，把身倒缴着，却把左手拔住上截，把腰只一趁，将那株绿杨树带根拔起。众泼皮见了，一齐拜倒在地，只叫："师父非是凡人，正是真罗汉！身体无千万斤气力，如何拔得起！"智深道："打甚鸟紧。明日都看洒家演武使器械。"众泼皮当晚各自散了。

从明日为始，这二三十个破落户见智深區區的伏。每日将酒肉来请智深，看他演武使拳。

"鲁智深倒拔垂杨柳"是《水浒传》的一个经典场景，是一次带有震撼效果的实力展示。二十几个泼皮无赖根本就没想到这个大和尚居然有这么大的力气，用泼皮自己的话说，简直是金刚罗汉再世。如果说前边两个带头的被打到粪坑里，还有人心里稍微有点不服气，那么在鲁智深倒拔杨柳树以后，这点不服气也完全消失了。所有的人都发自内心地佩服鲁智深。这个超级展示活动取得了圆满成功。

要想服众，就必须当众亮剑，有震撼级的实力展示才可以。《三国志》当中也记载了一个类似的故事，主人公是孙权手下大将周泰。

🌀 周泰当众亮剑的故事

周泰早年与蒋钦随孙策左右，立过数次战功。孙策占领会稽后，任周泰为别部司马，授兵权。孙权喜爱周泰，向孙策要求将周泰归到自己麾下。孙策讨伐六县山贼时，周泰胆气绝伦，保卫孙权，勇战退敌，身受十二处伤，很久才康复。战后，周泰受到孙策嘉奖，升任春谷县令，后屡次出战，又被授宜春县令。周泰在讨伐黄祖一战有功。后与周瑜、程普拒曹操军于赤壁，攻曹仁于南郡。后孙权破关羽，意欲伐蜀，拜周泰汉中太守、奋威将军，封陵阳侯。周泰曾经两次救了孙权的性命。

第一次，周泰最初和蒋钦一同在江中劫掠为生，后归顺孙策，并助孙策攻刘繇营寨。孙策攻取吴郡之时，周泰与孙权镇守宣城，其间山贼前来攻城，《三国志》上说"权始得上马，而贼锋刃已交于左右，或斫中马鞍，众莫能自定。惟泰奋激，投身卫权，胆气倍人，左右由泰并能就战。贼既解散，身被十二创，良久乃苏。是日无泰，权几危殆"。周泰为保护孙权而被刺十二枪，身受重伤，幸得名医华佗救治才得以保全一命。

第二次，合肥之战时，曹操亲率大军大败东吴军，孙权被围，周泰奋力拼杀，救出孙权后翻身复入敌阵救出同时被围的徐盛，因此身中数十枪，肤如刻画，孙权因此大为感激，赐周泰青罗伞盖以表彰其功。曹操感叹：不想文章锦绣之乡，也有如此虎将。

曹操攻打孙权，周泰和众将一起把曹操击退了，孙权留周泰做主将镇守濡须，拜平虏将军。当时大将朱然、徐盛等皆在周泰手下，这些大将都不太服气。为了服众，孙权特意给周泰安排了一次精彩的展示行动。

当天孙权大宴文武群臣，"权自行酒到泰前，命泰解衣，权手自指其创痕，问以所起。泰辄记昔战斗处以对，毕权把其臂，因流涕交连，字之曰：幼平，卿为孤兄弟战如熊虎，不惜躯命，被创数十，肤如刻画，孤亦何心不待卿以骨肉之恩，委卿以兵马之重乎！卿吴之功臣，孤当与卿同荣辱，等休戚。幼平意快为之，勿以寒门自退也"。宴会一直开到深夜，第二天，孙权又派遣使者授周泰御用的车幢伞盖。于是朱然、徐盛等众将一下就心服口服了。

策略三：有来有去，注意交换行为让众人得到实惠

过了数日，智深寻思道："每日吃他们酒食多矣，洒家今日也安排些还席。"叫道人去城中买了几般果子，沽了两三担酒，杀翻一口猪，一腔羊。那时正是三月尽，天气正热。智深道："天色热！"叫道人绿槐树下铺了芦席，请那许多泼皮团团坐定，大碗斟酒，大块切肉，叫众人吃得饱了。再取果子吃酒，又吃得正浓，众泼皮道："这几日见师父演力，不曾见师父家生器械。怎得师父教我们看一看也好。"智深道："说的是。"自去房内取出浑铁禅杖，头尾长五尺，重六十二斤。众人看了，尽皆吃惊，

都道："两臂膊没水牛大小气力，怎使得动！"智深接过来，飕飕的使动，浑身上下，没半点儿参差。众人看了，一齐喝彩。

有些人需求层次比较高，要境界、要体验，属于要喝茶的人；有些人感情需求比较强烈，属于要喝酒的人；还有些人就是要实惠、要物质，这属于要喝粥的。仔细想想，人可以不喝茶，也可以不喝酒，但是人不能不吃粮食，这是最基本的需求。

吃得饱穿得暖，有房住有钱花，这属于生存的需要，这叫欲望；交朋友获得尊重，从事有兴趣的事情，过有意义的生活，这属于发展的需要，这叫希望。

满怀希望，但是基本欲望无法满足，这样的生活是空想；欲望满足了却没有希望之光，这样的生活叫沉沦。

人类是万物之灵，不同于其他动物，是因为人类除了拥有基本的欲望，还会追求希望。我们会有高层次的精神生活，因此，人类值得骄傲；同时，人类无论怎样崇高伟大，身上都无法摆脱高级哺乳动物的那些基本生存需求。我们在追求希望的同时，永远无法扔掉基本的生存欲望。从这一点来说，我们并没有脱离动物的属性，因此，人类应该活得谦卑。

一个团队的带头人，一方面要点燃大家心中的希望之火，用希望的光芒照亮整个队伍前进的方向；另一方面要研究大家的基本需求，在现有的物质条件基础上，充分满足每个人的基本生存欲望，这是一个团队存在和发展的基础。一句话，饿着肚子追求光华灿烂的希望之火，无论决心有多大，总是坚持不了多久的。所以交换行为有两方面的含义：一方面是交往机制，你对我好，我也对你好，投之以桃，报之以李；另一方面是报酬机制，你完成了我的要求，我就会给你相应的实惠作为回报。

充分的交换行为可以确保每个人的基本生活需求得到满足，每个人的生存权利都得到保证。也就是说，要想当大哥就得明白，兄弟们跟着大哥不能饿肚子，这是个朴素的真理。

这方面鲁智深做得比较到位，他已经向酸枣门外这些泼皮无赖做出了保证，只要服从命令听指挥，大家就可以继续靠着菜园谋生计。有福同享，有难同当，每一分付出都会有回报。

这二十几个泼皮无赖可没有那么多的近期理想，能跟着鲁智深干，一方面是因为佩服他的武功和义气，另一方面是图一点实惠，求个有吃有喝，生活安稳。让老百姓得实惠，这句朴素的话也成了鲁智深在酸枣门外的菜园站稳脚跟的法宝。通过震慑头领、展示实力和确保实惠，鲁智深短时间之内获得了这二十几个人的"心服口服"。

云离不开天，鱼离不开水，人离不开集体，在四处漂泊、到处躲避追捕和大半年的流浪生活之后，鲁智深终于有了一个认可自己、接纳自己的集体，这份高兴劲儿是可想而知的。众人在一起推杯换盏大说大笑，喝到兴头上，鲁智深给大家耍了一趟八八六十四路水磨禅杖，六十二斤的镔铁禅杖舞动如风，好像直升机的螺旋桨一般，把众人看得瞠目结舌，竟然忘了叫好。正在此时，菜园的短墙外不知什么时候来了一个陌生人，此人见鲁智深禅杖使得精妙，忍不住大声地喊道：好！

这一声"好"不要紧，引出了一段英雄相识的佳话和一个逼上梁山荡气回肠的故事。那么这位英雄是谁？鲁智深和他之间又会发生怎样的故事呢？我们下一讲接着说。

小心职场有陷阱

　　每次讲到英雄落难的时候，我常会想到一句话："全世界的黑暗都不足以遮挡一支蜡烛的光辉。"这是我非常喜欢的一句话，出自电视剧《暗算》。这是一部惊险的谍战片，单是片名这两个字，就会让一些有社会经验的人触目惊心。正所谓不怕人算怕天算，不怕天算怕暗算，明枪易躲，暗箭难防，世界上最可怕的子弹是从暗处射出的子弹。不过人生总是充满了不确定性，我们可以相信明天相信未来，但是我们确实无法预测未来是以什么方式发生的，在它发生的过程中，我们又会遇到什么样的考验。

　　《三国演义》里有一个著名的故事"温酒斩华雄"，其实真正斩华雄的不是关羽而是孙坚，孙坚武艺高强可以斩华雄，但是他自己却被黄祖设伏暗算。可叹的是，孙坚的儿子小霸王孙策英雄一世，也是中了许贡门客的暗算，死在几个无名小卒手里。古往今来同是一理，大英雄不怕强敌，就怕暗算。谚语常说，人在江湖漂，哪能不挨刀。一个人在日常生活中常遇到这种情况，在毫无防备的情况下，突然之间就遇上了大麻烦，陷入了意想不到的困境中。

　　我就经常听到我的学生跟我抱怨，说自己如何菜鸟，如何低情商低智商，又遭到了某人的暗算。那么在职场当中，常见的陷阱是怎样的？我们又该怎样去防备呢？今天我们就聊聊这个话题。

🌀 细节故事：高衙内调戏林妻

　　话说鲁智深舞动禅杖上下翻飞，正练到精彩处，只见墙外一个官人看见，喝采道："端的使得好！"智深听得，收住了手看时，只见墙缺边立着一个官人。怎生打扮？但见：

　　头戴一顶青纱抓角儿头巾，脑后两个白玉圈连珠鬓环。身穿一领单绿罗团花战袍，腰系一条双搭尾龟背银带。穿一对磕爪头朝样皂靴，手中执一把折叠纸西川扇子。

　　那官人生的豹头环眼，燕颔虎须，八尺长短身材，三十四五年纪，口里道："这个师父端的非凡，使的好器械！"众泼皮道："这位教师喝采，必然是好。"智深问道："那军官是谁？"众人道："这官人是八十万禁军枪棒教头林武师，名唤林冲。"智深道："何不就请来厮见？"那林教头便跳入墙来。两个就槐树下相见了，一同坐地。林教头便问道："师兄何处人氏？法讳唤做甚么？"智深道："洒家是关西鲁达的便是。只为杀的人多，情愿为僧。年幼时也曾到东京，认得令尊林提辖。"林冲大喜，就当结义智深为兄。智深道："教头今日缘何到此？"林冲答道："恰才与拙荆一同来间壁岳庙里还香愿。林冲听得使棒，看得入眼，着女使锦儿自和荆妇去庙里烧香。林冲就只此间相等。不想得遇师兄。"智深道："洒家初到这里，正没相识，得这几个大哥每日相伴。如今又得教头不弃，结为弟兄，十分好了。"便叫道人再添酒来相待。

　　恰才饮得三杯，只见女使锦儿慌慌急急，红了脸，在墙缺边叫道："官人，休要坐地！娘子在庙中和人合口！"林冲连忙问道："在那里？"锦儿道："正在五岳楼下来，撞见个诈奸不级的，把娘子拦住了，不肯放。"林冲慌忙道:"却再来望师兄,休怪,休怪!"林冲别了智深,急跳过墙缺,和锦儿径奔岳庙里来。抢到五岳楼看时,见了数个人拿着弹弓、吹筒、粘竿,都立在栏干边。胡梯上一个年小的后生,独自背立着,把林冲的娘子拦着道:"你且上楼去,和你说话。"林冲娘子红了脸道:"清平世界,是何道理,把良人调戏!"林冲赶到根前,把那后生肩胛只一扳过来,喝道:"调戏良人妻子,当得何罪!"恰待下拳打时,认的是本管高太尉螟蛉之子高衙内。原来高俅新发迹,不曾有亲儿,无人帮助,因此过房这高阿叔高三郎儿子在房内为子。本是叔伯弟兄,却与他做干儿子,因此高太尉爱惜他。那厮在东京倚势豪强,专一爱淫垢人家妻女。京师人惧怕他权势,谁敢与他争口,叫他做花花太岁。

当时林冲扳将过来,却认得是本管高衙内,先自手软了。高衙内说道:"林冲,干你甚事,你来多管?"原来高衙内不认得他是林冲的娘子。若还认得时,也没这场事。见林冲不动手,他发这话。众多闲汉见闹,一齐拢来劝道:"教头休怪,衙内不认的,多有冲撞。"林冲怒气未消,一双眼睁着瞅那高衙内,众闲汉劝了林冲,和哄高衙内出庙上马去了。

🌀 规律分析:与小人发生矛盾的四种应对策略

在《水浒传》的一百单八好汉中,林冲是一个出场较多的主要角色。从林妻烧香被高衙内调戏开始,到后来林冲遭受陷害被发配沧州,都是围绕林冲本人发生的那些重大事件,像"误入白虎堂""刺配沧州道""火烧草料场"等都是小说的主线安排。我们通常愿意用这个人物的遭遇来理解宋徽宗时期"奸人当道""冤狱丛生"的社会状况。林娘子遭高衙内调戏,应该是极大的羞辱,但是林冲并不敢发作,而是强忍了下来。小说这样描写:林冲赶到跟前,把那后生肩胛只一扳过来,喝道:"调戏良人妻子,当得何罪!"恰待下拳打时,认的是本管高太尉螟蛉之子高衙内……先自手软了。

　　原因很简单，只因为高衙内是其上司高太尉的螟蛉之子。所以，衙内帮闲富安说："有何难哉！衙内怕林冲是个好汉，不敢欺他，这个无妨。他在帐下听使唤，大请大受，怎敢恶了太尉？"

　　一般来说，遇到这样棘手的矛盾冲突，应该迅速判断形势采取对策。典型的例子就是林冲的同事王进王教头。"王教头私走延安府，九纹龙大闹史家村"这一回里，王进发现高俅来势汹汹要找自己的麻烦，于是立即行动，来了个三十六计走为上，带着老娘就奔延安府去了，躲过了一劫。

　　本来林冲也可以像王教头那样，发现势头不对赶紧走。王教头带着年迈的老娘都能走，你林教头带着一个年纪轻轻的媳妇自然走得更爽利，但是林冲没有走，他甚至都没有想到要走。原因有两个，一个是他喜欢眼前的生活，林冲的职务那是八十万禁军教头，受人尊敬，前途光明，上班是春风得意，下班是花前月下，林冲很珍惜眼前的生活，不忍心放弃；还有一个原因是他对于高衙内和高太尉父子的龌龊手段估计不足。林冲以为事情过去了，根本不会想到后边还有重重陷阱和圈套。

　　我们把林冲遇到的这个问题推而广之，大家可以看到，职场上往往也有类似的情况：和某个上级产生了一点矛盾冲突，然后又不想把关系闹僵，更不想离开这个公司，于是便息事宁人，以为时间久了事情自然就过去了。但是，各位注意，风波可以平息，矛盾不会自行解决。跟君子产生的矛盾冲突可以放一放、晾一晾，大家各让一步继续和平相处；但是和小人一旦产生了矛盾冲突，如果不及时采取措施，发酵的时间越久，后续的问题爆发起来就越严重。

　　林冲应该像王进那样，充分看到问题的严重性。高俅这样无廉耻、无底线、大权在握的无耻小人，会采取各种阴狠的办法来达到自己的目的。发酵的时间越久，他的坏主意就越多。只要林大娘子如花似玉地站在那，高氏父子就一定不会死心。

　　在这种情况下，与小人产生矛盾冲突，必须及时采取行动，决不能息事宁人，等来等去会酿成大祸。可以采取的策略一般有四个。一是前边说

的三十六计走为上，不行就撤。此处不留爷，自有留爷处。二是背靠大树好乘凉。小人都欺软怕硬，林冲自己人单势孤，可以拉一个强大的盟友，比如让林大娘子认小旋风柴进做干哥哥，搞一个认亲仪式，让高衙内有所顾忌。三是釜底抽薪，从根本上处理矛盾。高衙内不是喜欢林大娘子吗，来一个诈死瞒名，林大娘子去乡下躲一段时间，这边报一个突发急症，真的搞一个小葬礼，让高衙内死了这条心。四是矛盾公开。在对方采取卑鄙手段之前，争取主动，把矛盾公开出来，争取舆论的支持，制造声势上的优势来震慑对手。此法在人际冲突中，有一个非常有趣的名字叫"补锅法"。

补锅法是李宗吾在他的《厚黑学》中总结的诡计之一，是指锅裂了找补锅匠来补，而补锅匠先敲几下，把裂缝敲大一些，然后可以获得更多的认可，主人会多给一些修补费。

一般的解读是这样的，我们身边许多表面上看似纷繁复杂的事情，本质上都可以用补锅法。比如别人来找你处理他搞砸的事情，你是解决事情的。但是你把事情搞得更大一点，好趁机多捞一些好处。他还觉察不出来，因为他还认为这个锅是他搞砸的，他不知道这个锅已经被搞得更坏了。

不过这种解读里有一些片面和偏狭，我们再扩大一些来理解。

补锅之前敲锅，有几个好处，一是场面大，叮叮当当的可以起到宣传和推广的作用，把声势先造起来；二是认可多，大家一围观，发现这么大的裂缝都给补好了，就会有很多人赞赏和肯定你的能力；三是难度降低，一开始找不到裂缝在哪里，敲几下裂缝自然就显现出来了，补起来准确到位，不会失手；四是支持率高，看到这么大的裂缝，所有人都会发现矛盾和问题所在，大家都会支持立刻采取行动。

"敲锅补锅"的思路其实在历史上有很多例证。补锅之前先敲锅，我把这样的思路称为：先公开矛盾甚至放大矛盾，然后再解决矛盾。讲一个东晋的故事。

温峤脱离王敦控制的故事

大将军王敦有谋反之心，温峤想要脱离王敦的控制，但是又担心王敦的谋士智囊钱凤会看出破绽。他的方法很绝妙。公元324 年（太宁二年）六月，守备京师的丹阳尹出缺，温峤补了丹阳尹之职，就在王敦为他举行的饯别宴会上，温峤起身敬酒，来到钱凤席前，钱凤还未来得及饮，温峤假装酒醉，用手把他的头巾打落，怒形于色说："你钱凤是什么了不起的人，我温太真敬酒你竟敢不接受！"王敦真当温峤醉了，于是把他们劝解开去。临走时，握手话别，痛哭流涕，出了大门又进来，反复几次，然后才上路。等他起行后，钱凤进来对王敦说："温峤和朝廷关系密切，和庾亮是至交，恐怕难以信任。"王敦说："温太真昨天是醉了，和你产生了一点小冲突，怎么能就因这点小事在背后说他的坏话呢？"就这样，未信钱凤言。温峤以计回到京师后，向皇帝汇报了王敦将要叛乱的情况，请朝廷做好应变的准备。

这就属于典型的敲锅补锅之法，用公开矛盾的方法来解决问题，防止局面变得更糟糕。

其实，林冲也可以使用类似的方式，主动把和高衙内的矛盾公开，获得众人的支持和舆论的理解，并且可以当众请求高太尉表态。在大庭广众之下，高太尉一定会有比较官方或者正面的表态。林冲这样就能争取主动，防止后来的阴招，然后再分析形势，如果有恶化的迹象，就干脆采取王进的做法，能干就干，不能干就干脆一走了之。大丈夫拿得起放得下，你认可我，我就好好干；你不认可我、算计我，我就换个地方。只要有核心技能在，还怕没有地方施展不成。

所以总体上看，林冲还是太年轻了，不够练达，对于职场上的种种矛盾纠纷看得不透，理解得不深。"调戏事件"发生之后，林冲没有采取任何应对和预防的措施，再加上遇到高氏父子这样的无耻小人，于是林冲就不知不觉落入了对方的陷阱当中。

在职场中，最常见的三个陷阱是认同陷阱、偏好陷阱和规范陷阱。林冲就是为这三个陷阱所陷害，最后被刺配沧州的。我们结合林冲的经历来分析一下，如何防备这三大陷阱。

方法一：孤独时多小心，远离损友，防备认同陷阱

且说这高衙内引了一班儿闲汉，自见了林冲娘子，又被他冲散了，心中好生着迷，快快不乐，回到府中纳闷。过了三两日，众多闲汉都来伺候，见衙内自焦，没撩没乱，众人散了。数内有一个帮闲的，唤作干鸟头富安，理会得高衙内意思，独自一个到府中伺候。见衙内在书房中闲坐，那富安走近前去道："衙内近日面色清减，心中少乐，必然有件不悦之事。"高衙内道："你如何省得？"富安道："小子一猜便着。"衙内道："你猜我心中甚事不乐？"富安道："衙内是思想那'双木'的。这猜如何？"衙内笑道："你猜得是。只没个道理得他。"富安道："有何难哉！衙内怕林冲是个好汉，不敢欺他，这个无伤。他见在帐下听使唤，大请大受，怎敢恶了太尉？轻则便刺配了他，重则害了他性命。小闲寻思有一计，使衙内能勾得他。"高衙内听的，便道："自见了多少好女娘，不知怎的只爱他，心中着迷，郁郁不乐。你有甚见识，能勾他时，我自重重的赏你。"富安道："门下知心腹的陆虞候陆谦，他和林冲最好。明日衙内躲在陆虞候楼上深阁，摆下些酒食，却叫陆谦去请林冲出来吃酒。教他直去樊楼上深阁里吃酒，小闲便去他家对林冲娘子说道：'你丈夫教头和陆谦吃酒，一时重气，闷倒在楼上，叫娘子快去看哩。'赚得他来到楼上。妇人家水性，见了衙内这般风流人物，再着些甜话儿调和他，不由他不肯。小闲这一计如何？"高衙内喝采道："好条计！就今晚着人去唤陆虞候来分付了。"原来陆虞候家只在高太尉家隔壁巷内。次日，商量了计策，陆虞候一时听允，也没奈何，只要衙内欢喜，却顾不得朋友交情。

且说林冲连日闷闷不已，懒上街去，巳牌时，听得门首有人叫道："教头在家么？"林冲出来看时，却是陆虞候，慌忙道："陆兄何来？"陆谦道："特来探望，兄何故连日街前不见？"林冲道："心里闷，不曾出去。"陆谦道："我同兄长去吃三杯解闷。"林冲道："少坐拜茶。"两个吃了茶起身。陆虞候道："阿嫂，我同兄长到家去吃三杯。"林冲娘子赶到布帘下，叫道："大哥，少饮早归。"

林冲与陆谦出得门来，街上闲走了一回。陆虞候道："兄长，我们休家去，只就樊楼内吃两杯。"当时两个上到樊楼内，占个阁儿，唤酒保分付，叫取两瓶上色好酒，希奇果子案酒。两个叙说闲话。林冲叹了一口气，陆虞候道："兄长何故叹气？"林冲道："贤弟不知，男子汉空有一身本事，不遇明主，屈沉在小人之下，受这般腌臜的气！"陆虞候道："如今禁军中虽有几个教头，谁人及得兄长的本事，太尉又看承得好，却受谁的气？"林冲把前日高衙内的事告诉陆虞候一遍。陆虞候道："衙内必不认的嫂子。如此也不打紧，兄长不必忍气，只顾饮酒。"

这边陆谦和林冲饮酒，那边高衙内已经把林娘子诓骗到陆谦家中欲行非礼。幸亏丫鬟锦儿飞奔报信，林冲及时赶到，才救出了林大娘子。至此，林冲不得不面对一个非常残酷的事实——他所信赖的好朋友陆谦，原来和高衙内是一伙的，他们串通起来陷害自己。

林冲那个感受，就是螃蟹放进蒸笼里，下边憋着火，上边出不来气。林冲一边恨陆谦，一边暗骂自己瞎了眼睛，错把阴险小人当成知己兄弟。那感觉就像错把忘恩负义的豺狼当成快乐哈士奇一样。原来以为是萌萌的，其实全是玩阴的。

林冲落入的陷阱就是我们前边说的"认同陷阱"。所谓认同陷阱，指的是缺乏必要的风险防范意识，和一个不值得交往的人交朋友，在没有充分了解对方的情况下就把他引进了自己的生活里，结果中了人家的圈套。说白了，也就是在错误的时间、地点，和一个错误的人成了好朋友，最终铸成大错。

正所谓"误交损友遗憾终生"。损友益友的话题，一直是古往今来大家喜欢探讨的。《论语·季氏》云："益者三友，损者三友：友直、友谅、友多闻，益矣；友便辟，友善柔，友便佞，损矣。"说得简单点，损友就是对你造成过损害或者会对你造成损害的朋友，比如出卖朋友的、背后捅刀的等。世间上每个人都需要朋友。

有友如茶，清香淡雅，接触之后让人神清气爽，精神焕发。

有友如粥，质朴简单，饥寒时刻却能给你温暖，能给你力量。

有友如酒，浓烈奔放，让你歌让你舞，让你欣喜若狂，少则怡情多则伤身。

有友如色素果汁，华丽甘甜，但里边掩藏着种种添加剂，表面美妙暗地伤人。

陆谦就是这样虚情假意、外表和善、内心险恶的损友。可惜林冲没有及时发现他的真实嘴脸，而且在遇到烦恼的时候，还和陆谦饮酒聊天，倾诉衷肠。

这一点我们需要特别注意，内心险恶的人，一般都会在你孤单、寂寞、苦闷、消沉的时候，乐呵呵地出现在你面前，陪你哭，陪你笑，美酒陪你喝，苦水陪你倒，当你完全放下防备和警觉之后，他就要施展阴谋诡计了。所以，给大家一个建议，在复杂的职场当中，如果你真的孤独苦闷了，就一个人躲到安静的角落里舔舐伤口，第二天再精神焕发出现在大家面前。软弱的时候尤其要防备口蜜腹剑的小人暗算。所以大家看，大老虎作为山中之王，有了伤口，都是躲在密林深处或深深的洞里慢慢疗伤，等重振雄风以后，再威风凛凛地出现在山林里。

另外，在职场当中，轻而易举地就和同事交往亲密，朝着闺蜜知己、生死兄弟这个方向发展，这会存在一些问题。同事就是同事，从认识的那一天开始，角色已定，关系已定。如果错把同事当闺蜜、兄弟，沟通交往缺乏一些尺度和界限，那么种种矛盾纠纷就会随之而来。

小李刚参加工作没多久，见了本部门的同事就跟见了亲人似的。大家每天一块上班，说着笑着就把活干了；中午一起到食堂吃饭，其乐融融就像一家人；晚上一干人等时而泡吧，时而保龄，时而蹦迪，真是相见恨晚！小李感叹，谁说工作以后不容易交到朋友！既然是朋友，自然无话不谈，尤其是发牢骚的时候。变态的大老板、偏心的二老板，拍马屁的他、无知的她，在场人人点头称是，英雄所见略同。谁人背后不说人，小李并不觉得自己卑鄙。然而，没多久，小李的"宏论"陆续、辗转地从各个渠道有了反馈：当事人们看来都及时地听到了他的意见，有的对他怒目而视，有的偷偷给他准备了"小鞋"，有的干脆以牙还牙。现代社会工作压力通常都比较大，同事间走得亲近一些也没什么不好，但"亲近"的尺度一定要把握好。把同事请进自己的私人空间和自己的内心世界，都是不够谨慎不够成熟的行为。

　　同事关系建立在两个基础之上，一个是利益导向，一个是任务关联。从认识的那一天开始，这个基础就已经牢不可破地在那里了。

　　交好朋友的基础可以总结为两个字：一个是趣，志趣相投；一个是忠，一心一意。这两个字都需要一定的时间来培养和验证才行，而且这种培养和验证都要在利益和任务之外进行才可以。所以，由于年轻人没有社会经验，进入职场以后，和同事交往要遵循八个字：真诚相待，适可而止。

　　千金易得，知己难寻，找到一心一意的好朋友太不容易了。拍动漫怕不萌，当演员怕不红，喝咖啡怕不浓，下水道怕不通，当领导怕不公，交朋友怕不忠。我们都希望遇到值得一辈子珍惜的好朋友。如何评价一个朋友值不值得交呢？我们准备了一个《世说新语·德行第一》中的故事。

〰 管宁割席的故事

　　　　管宁、华歆共园中锄菜，见地有片金，管挥锄与瓦石不异，华捉而掷去之。又尝同席读书，有乘轩冕过门者，宁读如故，歆废书出看，宁割席分坐，曰："子非吾友也！"

　　　　管宁和华歆同在园中锄草。看见地上有一片金，管宁仍依旧挥动着锄头，和看到瓦片石头一样，华歆高兴地拾起金片后又扔了它。曾经，他们同坐在一张席子上读书，有个坐着有围棚的车、穿着礼服的人刚好从门前经过，管宁还像原来一样读书，华歆却放下书出去观看。管宁就割断席子和华歆分开坐，说："你不是我的朋友了。"

在这个故事里，我们可以学到一个交朋友的基本原则：发展好友关系时，一定要看对方言行的一致性，一致性好的就深交，一致性差的就别交。林冲对陆谦这个势利小人缺乏必要的分析和防范，导致在东岳庙上香事件之后，矛盾不但没有解决，反而朝着更加严重的方向发展了。林冲遇到了第二个职场陷阱，这个陷阱就是偏好陷阱。

方法二：如意处多收敛，减少贪爱，防备偏好陷阱

再说林冲每日和智深吃酒，把这件事不记心了。那一日，两个同行到阅武坊巷口，见一条大汉，头戴一顶抓角儿头巾，穿一领旧战袍，手里拿着一口宝刀，插着个草标儿，立在街上，口里自言语说道："好不遇识者，屈沉了我这口宝刀！"林冲也不理会，只顾和智深说着话走。那汉又跟在背后道："好口宝刀，可惜不遇识者！"林冲只顾和智深走着，说得入港。那汉又在背后说道："偌大一个东京，没一个识的军器的！"林冲听的说，回过头来，那汉飕的把那口刀掣将出来，明晃晃的夺人眼目。林冲合当有事，猛可地道："将来看！"那汉递将过来。林冲接在手内，同智深看了。但见：

清光夺目，冷气侵人。远看如玉沼春冰，近看似琼台瑞雪。花纹密布，鬼神见后心惊；气象纵横，奸党遇时胆裂。太阿巨阙应难比，干将莫邪亦等闲。

当时林冲看了，吃了一惊，失口道："好刀！你要卖几钱？"那汉

道："索价三千贯，实价二千贯。"林冲道："值是值二千贯，只没个识主。你若一千贯肯时，我买你的。"那汉道："我急要些钱使，你若端的要时，饶你五百贯，实要一千五百贯。"林冲道："只是一千贯，我便买了。"那汉叹口气道："金子做生铁卖了，罢，罢！一文也不要少了我的。"林冲道："跟我来家中取钱还你。"回身却与智深道："师兄且在茶房里少待，小弟便来。"智深道："洒家且回去，明日再相见。"林冲别了智深，自引了卖刀的那汉，去家去取钱与他。将银子折算价贯，准还与他，就问那汉道："你这口刀那里得来？"那汉道："小人祖上留下。因为家道消乏，没奈何，将出来卖了。"林冲道："你祖上是谁？"那汉道："若说时，辱末先人。"林冲再也不问。那汉得了银两自去了。林冲把这口刀翻来复去看了一回，喝采道："端的好把刀！高太尉府中有一口宝刀，胡乱不肯教人看，我几番借看，也不肯将出来。今日我也买了这口好刀，慢慢和他比试。"林冲当晚不落手看了一晚，夜间挂在壁上，未等天明，又去看那刀。

　　林冲是个武器行家，他太懂刀了，眼前这把稀世宝刀让林冲爱不释手。于是，一扇灾祸之门就这样不知不觉打开了。

　　为什么一点点个人爱好就能打开灾祸之门呢？我来给大家讲一个经典的故事。

🌀贪爱乱心神的故事

　　从前有一位大将军，骁勇善战武艺高强，为国家南征北战屡建奇功。天下太平之后，刀枪入库，马放南山，将军也过着平静的生活。他很喜好收藏瓷器，有一次，一位老战友送了他一件精美的瓷器，将军很高兴，一有空就拿出来把玩欣赏。一天，他把一个心爱的杯子拿在手中欣赏，心里正高兴，忽然来了一阵凉风，将军打了一个大喷嚏。这一下不要紧，手一松，瓷器滑落出去，还好他身手敏捷，腿一挡，手一接，又把瓷器捧住了。捧住之后他才发现，不知不觉竟惊出一身汗。当时将军就想：当年我身经百战，刀枪都不怕，什么万箭齐发、南蛮入侵我都没有怕过，为什么这个小小的瓷器就能把我惊出一身汗呢？

他想不明白，就向一位高僧请教。大师一语道破天机：您这生死不惧的人，被一个小小瓷器惊出一身冷汗，就是因为心里装了两个字——"贪爱"。您太喜欢自己收藏的瓷器了，有了这份贪爱，就会有牵挂，有恐惧。

于是，见过大师以后，大将军做了一个决定，他把自己所有的收藏都送了出去，这下好了，再也不必为小小瓷器朝思暮想，寝食不安了。送完东西之后，将军的心里充满喜悦，一下子就觉得那真是"排除毒素，一身轻松"，云在青天水在瓶，心里说不出的舒畅自在。

一个人一旦动了贪爱之心，就会被物欲挡住眼睛，遮住智慧，就会乱了心神，失去本来应该有的冷静、智慧和理性。这个时候，就会陷入意想不到的风险中。

林冲在这把宝刀面前动了贪爱之心，于是一扇灾祸的大门也就徐徐开启了。

所以我们给大家的建议是，如意处要多收敛，少动贪爱之心，这样就会保证自己心神安稳、理性、清晰。

我们给大家的建议是，人一旦有了一些资源和权力之后，一定要懂得收敛自己的爱好，不要轻易让别人知道。我讲一个《韩非子·外储说右下》中的故事来说明。

🌙 公仪休不要鱼的故事

公仪休相鲁而嗜鱼，一国争买鱼而献之，公仪休不受。其弟子曰："夫子嗜鱼而不受者，何也？"对曰："夫唯嗜鱼，故不受也。夫即受鱼，必有下人之色；有下人之色，将枉于法；枉于法，则免于相。免于相，则虽嗜鱼，此不必能致我鱼，我又不能自给鱼。即无受鱼而不免于相，虽不受鱼，我能常自给鱼。此明夫恃人不如自恃也；明于人之为己者，不如己之自为也。"

公仪休是一个聪明人，他懂得一个基本的道理，让别人知道自己的爱好以后，人家就会量体裁衣，借助爱好来控制自己、操纵自己，而自己一旦沉迷于爱好之中被别人操纵了，就会做很多不该做的决策，最终丢了官职、害了自己。所以，他虽然喜欢吃鱼，但是尽量不让外人看出来，别人送来了他也不接受。这样就会有一直享受自己爱好的机会了。韩非子通过这个例子告诉我们，要抑制自己的偏好，拒绝正是为了更好地去享受，这个手段是很高明的。

方法三：紧迫时多冷静，注意禁忌，防备规范陷阱

次日巳牌时分，只听得门首有两个承局叫道："林教头，太尉钧旨，道你买一口好刀，就叫你将去比看。太尉在府里专等。"林冲听得，说道："又是甚么多口的报知了。"两个承局催得林冲穿了衣裳，拿了那口刀，随这两个承局来。一路上，林冲道："我在府中不认的你。"两个人说道："小人新近参随。"却早来到府前，进得到厅前，林冲立住了脚。两个又道："太尉在里面后堂内坐地。"转入屏风，至后堂，又不见太尉。林冲又住了脚。两个又道："太尉直在里面等你，叫引教头进来。"又过了两三重门，到一个去处，一周遭都是绿栏杆。两个又引林冲到堂前，说道："教头，你只在此少待，等我入去禀太尉。"林冲拿着刀，立在檐前，两个人自入去了。一盏茶时，不见出来。林冲心疑，探头入帘看时，只见檐前额上有四个青字，写道："白虎节堂"。林冲猛省道："这节堂是商议军机大事处，如何敢无故辄入，不是礼！"急待回身，只听的靴履响、脚步

鸣，一个人从外面入来。林冲看时，不是别人，却是本管高太尉。林冲见了，执刀向前声喏。太尉喝道："林冲，你又无呼唤，安敢辄入白虎节堂！你知法度否！你手里拿着刀，莫非来刺杀下官？有人对我说，你两三日前拿刀在府前伺候，必有歹心。"林冲躬身禀道："恩相，恰才蒙两个承局呼唤林冲，将刀来比看。"太尉喝道："承局在那里？"林冲道："恩相，他两个已投堂里去了。"太尉道："胡说！甚么承局敢进我府堂里去。左右，与我拿下这厮！"说犹未了，傍边耳房里走出二十余人，把林冲横推倒拽，恰似皂雕追紫燕，浑如猛虎啖羊羔。高太尉大怒道："你既是禁军教头，法度也还不知道？因何手执利刃，故入节堂，欲杀本官？"叫左右把林冲推下。就此，林冲彻底被高俅陷害，从八十万禁军教头变成了阶下囚的待罪羔羊。

林冲落入的第三个陷阱，叫规范陷阱。所谓规范陷阱指的是由于紧张着急，注意力不集中，一不小心触犯了规矩，最后落入人家预设好的圈套里。

大家看，林冲就是这样，拿着心爱的宝刀，急着要见上级，慌慌张张，注意力不集中，忽略了白虎节堂的禁忌，最后被当场拿下，落入了人家给他预设的圈套里，面临生命危险。

说到规范陷阱的话题，要和各位分享一句话：忙不犯规，闲不犯口。这是中国古人一个重要的人生经验。

关于忙不犯规，我讲一个《孟子·滕文公下》中的故事。

忙不犯规的故事

王良是春秋末晋国大夫赵简子的车夫，有一次，赵简子命王良给他宠幸的小臣奚驾车打猎，第一次出猎，王良按规矩驾车，结果一无所获。奚回去向赵简子报告说，王良是天下最低劣的车夫。有人把这话告诉了王良，王良要求再来一次，第二次出猎，王良违反规矩驾车，一早晨就捕获十只野兽。奚回来向赵简子汇报说，王良是天下最优秀的车夫。赵简子说，那就让他为你驾驭车马吧。但王良却执意不肯，说："吾为之范我驰驱，终日不获一；为之诡遇，一朝而获十。《诗》云：不失其驰，舍矢如破。我不贯与小人乘，请辞！"

奚是一个喜欢破坏规矩的人，王良不愿意和这样的人为伍。在王良的心目中，为了打猎顺手就随意破坏规矩是不可取的行为。无论在什么情况下都要注意遵守基本规则。这就是王良的信念。

对信念的坚守，孟子深以为然。孟子以王良为范例，说明君子在立身处世上不能枉道苟且，不能搞投机主义。

现实中，有的人为了达到目的故意破坏规矩，比如通过营私舞弊收受贿赂，挣了很多钱财，甚至一夜暴富。这样的行为在中国人的传统价值观里都是极其受鄙视的。这样挣来的钱被称为不义之财，这样的财产不光给本人，还会给子孙后代带来灾殃。

┌─ **智慧箴言** ─┐

穷得坦荡，富得清白，生得自在，死得潇洒，这是中国人推崇的人生境界。

还有一种情况，人们容易在无意之中破坏规矩。这种情况就是心情比较急迫、注意力不集中的时候，比如林冲误入白虎节堂这次。

如果林冲的心思不在宝刀上，不因为太爱宝刀而心神散乱，不因为急着要在上级领导面前展示一下而情绪激动，他就会注意到进入的是白虎节堂这个基本事实。这样他就不会掉到别人挖好的陷阱里去了。

所以，古人提醒我们"忙不犯规"，再匆忙，再慌张，也一定要时时刻刻注意规矩，决不能因为心里着急，就直接违反规矩，甚至触犯法律。

一个做大事的人应该具备这样的理性和自我节制。

另外还有一个提醒："闲不犯口"。讲一个身边的例子，厕所里说人闲话。人在没事的时候，特别容易说别人的闲话，俗话就是"乱嚼舌头根子"。正所谓"病从口入，祸从口出"。一段不着边际的八卦，可能会断送了自己的职业生涯。大家都知道著名的三国故事——杨修之死，杨修就是因为闲着没事，乱嚼舌头根子，卖弄自己，最后落得身首异处。一句闲话，很好的朋友可能因此结下永世的仇恨；一句废话，本来无事，可能惹下无边的风波；一句坏话，可能破坏了多年建立的同事情谊；一句空话，可能让人看清你的价值多少；一句谎话，可能让人鄙视你的人格，不耻你的为人。

现代沟通理论中有一个说法叫过三关，就是说我们所说的每一句话都需要经过三个筛子（关），只有三个筛子都过了，这句话才可以说。第一，我所说的是真的吗？第二，我所说的是善意的吗？第三，我所说的是必须说的吗？如果过不了这三个筛子中的任何一个，那就干脆别说。

女士要特别注意这一点，因为有个研究表明，女士在闲暇的时候特别容易传闲话。据英国《每日电讯报》报道，英国的一项调查显示，85%的女性对熟人的"小道消息"特别感兴趣，10%的女性根本守不住秘密。后来发现，其实女性间的窃窃私语是她们增强社会凝聚力、提升幸福感的一种方式。女性在传闲话的过程中会集中精力、张大耳朵倾听对方的谈话，交谈双方无形中建立起亲密感。研究表明，此时女性体内的血清素分泌量增加，有助其对抗压力和焦虑。但是如果说闲话不考虑场合、对象和尺度，随便乱说，图一时的痛快，可能就会带来无穷无尽的烦恼。这一点是需要特别注意的。

"忙时不犯规，闲来不犯口"，简简单单的十个字，古往今来不知埋葬了多少英雄好汉。我们来做一点总结，林冲在自己的职场生涯中，首先遇到了一个超级损友陆谦，落入了认同陷阱当中，被最了解自己的朋友陷害；接着贪爱宝刀，落入了偏好陷阱当中，心神散乱注意力不集中；最后，急于在上级面前展示，慌乱之中忽略了白虎节堂的重大禁忌，落入了规范陷阱。三个职场陷阱环环相套，结结实实地套住了英雄林冲。

那真是龙困沙滩遭虾戏，虎落平阳被犬欺。林冲面对高俅有口难辩，被一群镇守白虎节堂的士兵按翻在地，结结实实来了一个五花大绑。那么林冲接下来的命运如何，高俅会不会暗下杀手，林冲还有没有一线生机呢？我们下一讲接着说。

第九讲

逆境中的英雄本色

人生如河上行船，有顺风顺水的时候，也必然有逆风逆水的时候。

记得看过一个小故事印象很深，其中说道：牛群遇到了暴风雪，如果选择顶风冒雪往前走，就可以找到生路；如果顺着风雪的方向东躲西藏，最后就会全军覆没。人生也是如此，越是处在逆境当中，越要打起精神，不屈不挠，勇敢地面对人生风雨的考验。

大英雄林冲的人生可以说是大起大落，本来是家庭美满、事业有成的八十万禁军教头，整个东京汴梁城，谁见了不羡慕，但是一夜之间，就成了阶下囚，夫妻离散家破人亡，遭受屈辱刺配沧州。在这样突如其来的打击面前，林冲没有消沉，没有绝望，而是表现出坚忍不拔的强大心理素质，闯过了一道一道的难关。这一讲，我们就给大家讲一讲林冲在逆境中表现出的英雄本色。

细节场面：林冲休妻

话说在孙孔目的暗中维护之下，开封府尹也动了同情之心，最后并没有害林冲的性命，判了一个流放三千里，刺配沧州。就此日，府尹回来升厅，叫林冲除了长枷，断了二十脊杖，唤个文笔匠刺了面颊，量地方远近，该配沧州牢城。当厅打一面七斤半团头铁叶护身枷钉了，贴上封皮，押了一道牒文，差两个防送公人监押前去。

两个人是董超、薛霸。二人领了公文，押送林冲出开封府来。只见众邻舍并林冲的丈人张教头，都在府前接着，同林冲两个公人，到州桥下酒店里坐定。林冲道："多得孙孔目维持，这棒不毒，因此走得动掸。"张教头叫酒保安排案酒果子，管待两个公人。酒至数杯，只见张教头将出银两，赍发他两个防送公人已了。林冲执手对丈人说道："泰山在上，年灾月厄，撞了高衙内，吃了一场屈官司。今日有句话说，上禀泰山。自蒙泰山错爱，将令爱嫁事小人，已经三载，不曾有半些儿差池。虽不曾生半个儿女，未曾面红面赤，半点相争。今小人遭这场横事，配去沧州，生死存亡未保。娘子在家，小人心去不稳，诚恐高衙内威逼这头亲事。况兼青春年少，休为林冲误了前程。却是林冲自行主张，非他人逼迫，小人今日就高邻在此，明白立纸休书，任从改嫁，并无争执。如此，林冲去的心稳，免得高衙内陷害。"张教头道："林冲，甚么言语！你是天年不齐，遭了横事，又不是你作将出来的。今日权且去沧州躲灾避难，早晚天可怜见，放你回来时，依旧夫妻完聚。老汉家中也颇有些过活，明日便取了我女家去，并锦儿，不拣怎的，三年五载，养赡得他。又不叫他出入，高衙内便要见也不能勾。休要忧心，都在老汉身上。你在沧州牢城，我自频频寄书并衣服与你。休得要胡思乱想，只顾放心去。"林冲道："感谢泰山厚意，只是林冲放心不下，枉自两相耽误。泰山可怜见林冲，依允小人，便死也瞑目。"张教头那里肯应承，众邻舍亦说行不得。林冲道："若不依允小人之时，林冲便挣扎得回来，誓不与娘子相聚！"张教头道："既然如此行时，权且由你写下，我只不把女儿嫁人便了。"当时叫酒保寻个写文书的人来，买了一张纸来。那人写，林冲说，道是：

"东京八十万禁军教头林冲，为因身犯重罪，断配沧州，去后存亡不保。有妻张氏年少，情愿立此休书，任从改嫁，永无争执。委是自行情愿，即非相逼。恐后无凭，立此文约为照。年月日。"

林冲当下看人写了，借过笔来，去年月下押个花字，打个手模。正在阁里写了，欲付与泰山收时，只见林冲的娘子号天哭地叫将来。女使锦儿抱着一包衣服，一路寻到酒店里。林冲见了，起身接着道："娘子，小人有句话说，已禀过泰山了。为是林冲年灾月厄，遭这场屈事。今去沧州，生死不保，诚恐误了娘子青春，今已写下几字在此。万望娘子休等小人，有好头脑，自行招嫁，莫为林冲误了贤妻。"那妇人听罢，哭将起来，说道："丈夫！我不曾有半些儿点污，如何把我休了？"林冲道："娘子，我是好意。恐怕日后两下相误，赚了你。"张教头便道："我儿放心。虽是林冲恁的主张，我终不成下得将你来再嫁人。这事且由他放心去。他便不来时，我也安排你一世的终身盘费。只教你守志便了。"那妇人听得说，心中哽咽，又见了这封书，一时哭倒，声绝在地……

林冲与泰山张教头救得起来，半晌方才苏醒，也自哭不住。林冲把休书与教头收了。众邻舍亦有妇人来劝林冲娘子，搀扶回去。张教头嘱咐林冲道："你顾前程去，挣扎回来厮见。你的老小，我明日便取回去养在家里，待你回来完聚。你但放心去，不要挂念。如有便人，千万频频寄些书信来。"林冲起身谢了，拜辞泰山并众邻舍，背了包裹，随着公人去了。张教头同邻舍取路回家，不在话下。

以上是《水浒传》第八回描写的"林冲休妻"。对于这部分的理解，历来都充满争议。有两种截然相反的观点，一种是说林冲有情有义，一种是说林冲无情无义。我都给大家介绍一下。

先说说正方观点。林冲休妻体现了林冲的情义和担当，自己被刺配沧州生死未卜，为避免拖累妻子，提前写下休书，任凭妻子改嫁他人。眼见和爱妻生离死别，怎不让人肝肠寸断。这个理解是大众化的理解，一般人按照《水浒传》原著歌颂英雄好汉的思路，顺着文字想下去，就会得出上述的结论。

　　再给大家讲讲不同声音。实际上，在我的周围，同意或者基本同意反方观点的人比支持正方观点的人要多。反方的核心观点是，林冲属于保命休妻，林冲休妻最重要的原因是为了自保。

　　林冲既然自承娘子不曾有半些儿差错，按照当时的律法和习惯，休妻显然没有道理。所以，林冲关于休妻的理由表达起来不免有些语无伦次。什么"（小人）生死存亡未保"，什么"（娘子）青春年少"，什么"心去不稳，诚恐高衙内威逼这头亲事"，什么"自行主张，非他人逼迫"。在这些虚虚实实的背后，我们可以看到林冲的自私动机。因为最后面那一句总结陈词，"如此，林冲去的心稳，免得高衙内陷害"，倒更接近于实词。

　　这里"高衙内陷害"是指要陷害谁，林冲还是林娘子？无论从文法还是从逻辑上理解起来，当然不应该是林娘子。因为对于林娘子，高衙内的意图应该是要夺得而不是陷害；相反，高衙内对林冲才有陷害的必要，因为只有继续陷害林冲，才可以达成最终夺得林娘子的目的。说到头，林冲是恐惧若不果断休妻，那么高衙内便会对自己无休止地陷害下去。所以，说出了这一句"免得高衙内陷害"，其他的话便都是虚词了。林冲对娘子说的"我是好意。恐怕日后两下相误"，不过是虚弱的幌子而已。林冲为了保命，避免后续的陷害，不惜接受最极限的屈辱，将妻子休掉。何其自私，哪里还有一些起码的丈夫气概。林娘子哭着质问"丈夫！我不曾有半些儿点污，如何把我休了"，"声绝在地"。

　　林冲在刺配的时候想明白一件事，高俅之所以要害林冲，只有一个原因，他的儿子高衙内要霸占林冲娘子。对高衙内而言，作为丈夫的林冲自然是障碍，所以必先除掉这个障碍。同样，对林冲而言，妻子却是自己的祸端。在无力与高俅对抗的情况下，为了自保，林冲只好通过休妻清除祸端。如果他解除与妻子张氏的婚姻关系，那么他与张氏就没有任何关系了，高俅父子也就不必再害林冲。所以，林冲休妻在客观上有利于自己，林冲休妻的动机是自私自利的。他自己承认，"娘子在家，小人心去不稳，诚恐高衙内威逼这头亲事"。但如果与张氏离婚，则他就"去的心稳，免得高衙内陷害"。在林冲的心里，他担心的主要是自己的安危，而不是妻子的安危。他所说的"免得高衙内陷害"，是指害怕高衙内继续陷害自己。在去沧州之前，林冲不顾劝阻，狠心地将毫无过失的妻子休了。所以，林冲休妻是自私自利的、不负责任的行为，有损于他的英雄形象。

到底哪种说法有道理呢？仁者见仁，智者见智。就我个人而言，我相信林冲是个有情有义的好汉。我还是认为林冲休妻是在替妻子考虑，主观上他没有抛弃妻子的想法。

我相信林冲善意休妻，理由有两个：一是按照宋代的律法，女人如果没有解除婚约是不可以再嫁的，否则要受制裁，情节严重的会被判死刑。按照宋代的交通和信息传递条件，以及林冲配军的身份，林冲这一走千山万水，很有可能就杳无音信，活不见人死不见尸。张氏确实青春年少，膝下也没有儿女，到那时候，进退两难，确实要耽误青春了。所以，林冲在远走他乡之前，先解除了婚约，确实考虑了上述情况，可以说是为张氏的未来考虑的。

二是宋江提前准备一个和父亲断绝关系的文书，当官府要为难宋太公的时候，这个文书起到了巨大作用。林冲也有类似担心，有了这个文书，张家父女不会因为自己的官司受到牵连和陷害。

至于说保护自己的爱妻不受高衙内的骚扰，那就和休妻不休妻没什么关系了。无论休与不休，这个危险总是存在的。只有仰仗岳父张教头了。这位张教头，确实是一个热血仗义、光明磊落的好岳父，可以获评"中国好岳父"了。

林冲要休妻，丈人张教头自然不同意，他对林冲说："你是天年不齐，遭了横事，又不是你作将出来的。今日权且去沧州躲灾避难，早晚天可怜见，放你回来时，依旧夫妻完聚。老汉家中也颇有些过活，明日便取了我女家去，并锦儿，不拣怎的，三年五载，养赡得他。又不叫他出入，高衙内便要见也不能勾。休要忧心，都在老汉身上。你在沧州牢城，我自频频寄书并衣服与你。休得要胡思乱想，只顾放心去。"

林冲上路之前，张教头又嘱咐林冲道："你顾前程去，挣扎回来厮见。你的老小，我明日便取回去养在家里，待你回来完聚。你但放心去，不要挂念。如有便人，千万频频寄些书信来。"

在林冲遭遇不幸的时候，张教头没有抱怨林冲，没有嫌他不能保护自己的女儿，他更没有趋炎附势，厚颜无耻地将女儿改嫁有权有势的高衙内。相反，张教头通情达理，对林冲的无辜表示理解，主动替林冲养活张氏及使女锦儿，并答应照顾在狱中服刑的林冲。张教头是这样说的，后来也是这样做的，可见张教头对林冲是关怀备至、仁至义尽的。

🍃 规律分析：再谈情义无价

有情有义的张教头，加上有情有义的林冲，两个男人都是武艺高强，又都有一定的社会地位，可是就算是这样，都无法保护如花似玉的林大娘子。作者在《水浒传》中描写这样的情节，就是想告诉我们一件事情：面对当时黑暗的社会、黑心的贪官，不能抱有任何幻想，必须勇敢地斗争才行。逼上梁山，与其说是无奈的选择，不如说是力量的爆发。

林冲一开始的反复忍耐、逆来顺受只有一个原因，就是他的幻想还没有破灭。他希望有朝一日，一切都过去了，他还可以回到东京汴梁，和自己心爱的人厮守在一起，安安静静地做自己的八十万禁军教头。为了情义，为了这份期待，他什么苦都能吃，什么委屈都能忍。

说到情义二字，中国古代有着经典的案例，比如《包拯铡陈世美》。

包拯铡陈世美铡的不是他变心，而是他没有良心，他胸膛里的哪里还是人心，根本就是豺狼之心。为了荣华富贵要害结发妻子，甚至连亲生儿女都要杀死，这根本连禽兽都不如。

无论爱与不爱，责任都必须负。即使不爱了，也不应该忘恩负义，更不能去伤害亲人。

智慧箴言

　　爱心不可强求，良心必须强求；没有爱心可以原谅，没有良心不能原谅。

　　林冲身处逆境被屈含冤，挥泪告别了心爱的妻子，一步一回头，一步一揪心，踏上了发配沧州的漫漫长路。虽然大英雄的心里全是苦水和泪水，但是方寸并没有乱，即使在逆境当中，他还是保持了一分英雄本色，总结起来比较突出的就是三个字：忍、稳、审。

一是忍，在逆境中忍辱负重，考虑未来

　　时遇六月天气，炎暑正热。林冲初吃棒时，倒也无事，次后三两日间，天道盛热，棒疮却发。又是个新吃棒的人，路上一步挨一步，走不动。董超道："你好不晓事！此去沧州二千里有余的路，你这样般走，几时得到。"林冲道："小人在太尉府里折了些便宜，前日方才吃棒，棒疮举发。这般炎热，上下只得担待一步。"薛霸道："你自慢慢的走，休听咭咭。"董超一路上喃喃咄咄的，口里埋冤叫苦，说道："却是老爷们晦气，撞着你这个魔头。"……

　　当晚三个人投村中客店里来。到得房内，两个公人放了棍棒，解下包裹。林冲也把包来解了，不等公人开口，去包里取些碎银两，央店小二买些酒肉，籴些米来，安排盘馔，请两个防送公人坐了吃。董超、薛霸又添酒来，把林冲灌的醉了，和枷倒在一边。薛霸去烧一锅百沸滚汤，提将来倾在脚盆内，叫道："林教头，你也洗了脚好睡。"林冲挣的起来，被枷碍了，曲身不得。薛霸便道："我替你洗。"林冲忙道："使不得。"薛霸道："出路人那里计较的许多。"林冲不知是计，只顾伸下脚来。被薛霸只一按，按在滚汤里。林冲叫一声："哎也！"急缩得起时，泡得脚面红

肿了。林冲道："不消生受。"薛霸道："只见罪人伏侍公人，那曾有公人伏侍罪人。好意叫他洗脚，颠倒嫌冷嫌热，却不是好心不得好报？"口里喃喃的骂了半夜。林冲那里敢回话，自去倒在一边。他两个泼了这水，自换些水去外边洗了脚收拾。睡到四更，同店人都未起。薛霸起来烧了面汤，安排打火做饭吃。林冲起来，晕了，吃不得，又走不动。薛霸拿了水火棍，催促动身。董超去腰里解下一双新草鞋，耳朵并索儿却是麻编的，叫林冲穿。林冲看时，脚上满面都是燎浆泡，只得寻觅旧草鞋穿，那里去讨，没奈何，只得把新鞋穿上。叫店小二算过酒钱。两个公人带了林冲出店，却是五更天气。

林冲走不到三二里，脚上泡被新草鞋打破了，鲜血淋漓，正走不动，声唤不止。薛霸骂道："走便快走，不走便大棍搠将起来。"林冲道："上下方便，小人岂敢怠慢，俄延程途，其实是脚疼走不动。"董超道："我扶着你走便了。"搀着林冲，又行不动，只得又挨了四五里路。

林冲是条好汉，不但武艺高强，而且忍耐力超强。其实大家想想，林冲要是怒起来的话，凭林冲的功夫，莫说是董超、薛霸两个人，再来十个也不在话下，三下五除二就可以让他尸横当场。但是林冲没有这样做，甚至一点怨言都没有，任凭他们作践自己，还给人家赔笑脸。这是什么境界？

有人说这是金刚罗汉的境界，完全没了贪嗔痴；也有人说这是胆小鬼的境界，完全没有了英雄气概。我觉得，林冲不是软骨头，他的忍耐和一般意义上的胆小怕事、软弱无能还是有区别的。

为什么说林冲是忍耐，不是胆怯和懦弱？

智慧箴言

为了一个更大的目标委曲求全，这叫忍耐；没有目标，只有委曲求全，这是懦弱。

林冲是心里有目标有打算的，他的想法很简单，渡过这一劫，将来回到东京和娘子团聚，继续过自己安稳甜蜜的生活。所以林冲的经历是最体现"逼上梁山"四个字的。一忍再忍，直到忍无可忍、怒发冲冠。《水浒传》作者写林冲的忍，既是对大英雄的展现，也是对那个黑暗社会的控诉。

林冲以东京八十万禁军教头的身份，沦落到两颊文金刺配沧州，这一路他是忍而又忍，近乎忍所不能忍，身怀绝技，蒙冤受屈，行常人所不能行，忍常人所不能忍，确实令人惊心、惊叹。古往今来凡成大事者，必有能忍常人所不能忍之面，勾践卧薪尝胆，韩信忍胯下之辱，刘备闭门种菜，司马懿受纳妇人衣裳，这些都不是常人所能想象的。

所以蒲松龄有一副著名的对联：

> 有志者事竟成，破釜沉舟，百二秦关终属楚；
>
> 苦心人天不负，卧薪尝胆，三千越甲可吞吴。

说到这里，有很多人，特别是孩子的家长就会想到同样的问题，一个人的忍耐力是怎么培养起来的呢？

我先来举个例子，比如现在你儿子跟你说，妈妈/爸爸，我要买一辆玩具汽车。请问你怎么回应？

方式一，好的儿子，咱们现在就买。这叫立即满足。

方式二，好的儿子，妈妈给你买两个。这叫超量满足。

方式三，哈哈，儿子，就知道你想要，早给你准备好了，拿去！这叫提前满足。

这三种方式是现代家庭里对待孩子的主要模式，也是家长表达对孩子爱意的主要途径。很多家长都是在扮演"全能菩萨"，每天都是有求必应，而且越快越好。这无疑带给孩子一种错觉：我要干什么就得马上干什么。但是这样下来，随着年龄的增长，孩子们就会变得急躁，没有耐心，甚至霸道、狭隘、自私。

其实可以换一下满足方式，这里推荐两种。

方式一是滞后满足。孩子，你要和妈妈一起努力，我们下个月就能买一个你喜欢的汽车啦！

方式二是条件满足。你写满五篇大字，周末咱们一起去买汽车；或者说这几天你专心考试，等考试结束了咱们就去买。一定要让他明白等的价值、等的意义，养成等的习惯和等的信念。

大家仔细观察一下，很多物质条件不好的农村家庭出来的孩子，都具备良好的心理品质，谦让忍耐；相反，部分城市富裕家庭出来的孩子却显得急躁霸道，这都是物质条件好且家长使用了过多的超前满足、超量满足造成的。

正所谓"水能载舟亦能覆舟"，同理，钱能助人也能害人。在物质条件特别丰富的今天，我们各位家长老师，特别是家里有幼儿园宝宝的年轻家长们，一定要注意合理使用满足方式。

二是稳，待人接物谦逊礼让，不卑不亢

林冲的忍让并没有获得董超、薛霸的理解和同情，两个人收了陆谦的金子，一定要置林冲于死地。

见林冲走不动了，前边正好到了野猪林。董超、薛霸二人互递了一个眼色，然后就假意安排休息，以防备林冲趁睡觉逃跑为名，把大英雄结结实实捆在了树上。

等把林冲捆牢固了，两个解差露出了凶恶的嘴脸。不由分说，要取林冲性命。话说当时薛霸双手举起棍来，望林冲脑袋上便劈下来。

说时迟，那时快，薛霸的棍恰举起来，只见松树背后雷鸣也似一声，那条铁禅杖飞将来，把这水火棍一隔，丢去九霄云外。跳出一个胖大和尚来，喝道："洒家在林子里听你多时！"两个公人看那和尚时，穿一领皂布直裰，跨一口戒刀，提起禅杖，轮起来打两个公人。林冲方才闪开眼看时，认得是鲁智深。林冲连忙叫道："师兄，不可下手！我有话说。"智

深听得，收住禅杖。两个公人呆了半晌，动掸不得。林冲道："非干他两个事，尽是高太尉使陆虞候分付他两个公人，要害我性命，他两个怎不依他？你若打杀他两个，也是冤屈。"

鲁智深扯出戒刀，把索子都割断了，便扶起林冲，叫："兄弟，俺自从和你买刀那日相别之后，酒家忧得你苦。自从你受官司，俺又无处去救你。打听的你断配沧州，酒家在开封府前又寻不见，却听得人说监在使臣房内；又见酒保来请两个公人，说道：'店里一位官人寻说话。'以此酒家疑心，放你不下，恐这厮们路上害你。俺特地跟将来，见这两个撮鸟带你入店里去，酒家也在那店里歇。夜间听得那厮两个做神做鬼，把滚汤赚了你脚。那时俺便要杀这两个撮鸟，却被客店里人多，恐妨救了。酒家见这厮们不怀好心，越放你不下。你五更里出门时，酒家先投奔这林子里来等杀这厮两个撮鸟。他到来这里害你，正好杀这厮两个。"林冲劝道："既然师兄救了我，你休害他两个性命。"鲁智深喝道："你这两个撮鸟，酒家不看兄弟面时，把你这两个都剁做肉酱！且看兄弟面皮，饶你两个性命。"就那里插了戒刀，喝道："你这两个撮鸟，快搀兄弟，都跟酒家来！"提了禅杖先走。两个公人那里敢回话，只叫："林教头救俺两个！"依前背上包裹，提了水火棍，扶着林冲，又替他挎了包裹，一同跟出林子来。

林冲确实是真英雄。董超、薛霸要害林冲性命，但是反过来，林冲却劝鲁智深饶过这两个人。正所谓"冤家宜解不宜结"，如果当场打死了两个解差，那一下子就成了朝廷的反叛者，州府县道层层追捕，林冲之前的忍辱负重就全白费了。所以，林冲听从了得饶人处且饶人的古训，没有激化矛盾。当初两个小人拿开水烫英雄双脚的时候，林冲都没想要弄死他们，现在有了鲁智深保驾护航，林冲就更没有必要取他们的性命了。

在鲁智深的护送之下，一行人顺利来到柴家庄。鲁智深完成任务回转东京。

林冲和两个解差经别人指点，前来寻访闻名遐迩的柴大官人小旋风柴进。

　　可巧遇到柴进打猎归来。林冲放眼望去，只见那簇人马飞奔庄上来，中间捧着一位官人，骑一匹雪白卷毛马。马上那人生得龙眉凤目，皓齿朱唇，三牙掩口髭须，三十四五年纪。头戴一顶皂纱转角簇花巾，身穿一领紫绣团龙云肩袍，腰系一条玲珑嵌宝玉绦环，足穿一双金线抹绿皂朝靴，带一张弓，插一壶箭，引领从人，都到庄上来。林冲看了，寻思道："敢是柴大官人么？"又不敢问他，只自肚里踌躇。只见那马上年少的官人纵马前来，问道："这位带枷的是甚人？"林冲慌忙躬身答道："小人是东京禁军教头姓林名冲。为因恶了高太尉，寻事发下开封府问罪，断遣刺配此沧州。闻得前面酒店里说，这里有个招贤纳士好汉柴大官人，因此特来相投，不遇官人，当以实诉。"那官人滚鞍下马，飞近前来，说道："柴进有失迎迓。"就草地上便拜。林冲连忙答礼。那官人携住林冲的手，同行到庄上来。那庄客们看见，大开了庄门。柴进直请到厅前，两个叙礼罢。柴进说道："小可久闻教头大名，不期今日来踏贱地，足称平生渴仰之愿。"林冲答道："微贱林冲，闻大人贵名传播海宇，谁人不敬？不想今日因得罪犯，流配来此，得识尊颜，宿生万幸！"柴进再三谦让，林冲坐了客席，董超、薛霸也一带坐了。跟柴进的伴当各自牵了马去，后院歇息，不在话下。

　　柴进便唤庄客，叫将酒来。不移时，只见数个庄客托出一盘肉，一盘饼，温一壶酒；又一个盘子，托出一斗白米，米上放着十贯钱，都一发将出来。柴进见了道："村夫不知高下，教头到此，如何恁地轻意！快将进去，先把果盒酒来，随即杀羊，然后相待。快去整治！"林冲起身谢道："大官人不必多赐，只此十分勾了，感谢不当。"柴进道："休如此说。难得教头到此，岂可轻慢！"庄客不敢违命，先捧出果盒酒来。柴进起身，一面手执三杯。林冲谢了柴进，饮酒罢；两个公人一同饮了。柴进说："教头请里面少坐。"柴进随即解了弓袋、箭壶，就请两个公人一同饮酒。

　　柴进当下坐了主席，林冲坐了客席，两个公人在林冲肩下，叙说些闲话，江湖上的勾当。

林冲身处逆境当中，但是烈火炼真金，他在逆境当中表现出了英雄本色。除了忍，还有一个字，就是稳，心态平稳，谦虚礼让，不卑不亢。这样的心理状态对一个常人来说本来就已经很难得了，更何况林冲刚刚经历了含冤被屈、痛别亲人、差役拷打和羞辱、野猪林命悬一线。这样的经历之后，他还能保持如此平稳礼让的心态，确实难能可贵，说明林冲有一颗超级强大的心。

在现实生活中，我们每一个人做事情，如果想顺利、想成功，都离不开一个平稳的心态。记得有一次，我的学生们考试之前有点紧张，我就给大家讲了一个故事。

三人过铁索桥的故事

两山夹一沟，下边是悬崖峭壁和湍急的河流，上边有一个简易铁索桥，光秃秃的只有几根铁索。有三个旅客来到了桥边，一个人眼睛看不清，一个人耳朵听不到，第三个人是个正常人。三个人依次过桥，结果眼睛不好的、耳朵听不清的两位都顺利过去了，只有看得见听得清的这位一不小心掉进了深渊。为什么呢？原因很简单，眼神不好的人说，我看不见山高桥险，也看不清万丈深渊，就是过桥嘛，心平气和就走过去了。

耳朵不好的人说，我耳朵听不见，后边那个人说下边的河水咆哮怒吼，可是我什么也没听见，就是过桥嘛，心平气和就过去了。

结果，第三个人看得见也听得清，心惊肉跳，腿一软就没过去。

这个故事告诉我们，事到临头的时候，心态平稳是至关重要的。这时一定不能慌张，一旦心里慌张，手忙脚乱，很可能就会发生意外。

我很喜欢下围棋。我非常敬佩日本围棋大师吴清源先生。

听过这样一个故事，当年后起之秀坂田荣男挑战吴清源先生。因为吴先生是名家大师，不免有些患得患失，而坂田刚刚出道，不曾像吴清源那样获得过无数嘉奖和荣誉，因此全身心投入，轻松上阵，放手一搏，结果赢了吴先生。事后吴先生对此事进行了反思，得出的结论就是，自己不输在棋力上，而是输在对局心态上。此后的对局，吴先生都认真调整心态，以此作为胜利的基础。后来，又有位新手与吴先生对弈，吴先生看到对方战战兢兢、十分紧张，就给他讲了一个故事。

有这样一座山庙，里面住着老和尚和小和尚。小和尚到山下买油，端着油碗上山时，生怕油洒出来，双眼盯着油碗小心翼翼地走。到了庙里时，油还是洒了一半。老和尚笑着告诉小和尚：下次走路时别把注意力放在油碗上，像平常一样放松就行了。小和尚照办，结果一滴都没洒出去。做事情就像端着碗走山路一样，不怕路不平，就怕心态不平。

我们每个人都应该学习这样的做事方式，无论何时何地，面对何人，都要保持心态的平稳中和，稳稳当当地把该做的事情做好。

林冲从危难之中一路艰辛走过来，终于见到一丝曙光，遇到了正直善良、意气相投的小旋风柴进，但是林冲并没有心态起伏、欢呼雀跃，甚至都没有表现出激动。在和柴大官人的初次见面中，林冲虽然身戴枷锁，心藏冤屈，但始终保持了谦逊礼让的平稳心态，神色从容，言语得体，这一点也是非常让人佩服的。

三是审，机遇来时，审时度势该出手时就出手

俗话说得好，外行是看家，同行是冤家。就在柴大官人对林冲越看越喜欢越看越敬佩的时候，林冲的同行冤家出现了，这个人就是柴大官人府上的洪教头。我们来看一看这位洪教头是如何挤兑林冲的。

不觉红日西沉，安排得酒食果品海味，摆在桌上，抬在各人面前。柴进亲自举杯，把了三巡，坐下叫道："且将汤来吃。"吃得一道汤，五七

杯酒，只见庄客来报道："教师来也。"柴进道："就请来一处坐地相会亦可。快抬一张桌来。"林冲起身看时，只见那个教师入来，歪戴着一顶头巾，挺着脯子，来到后堂。林冲寻思道："庄客称他做教师，必是大官人的师父。"急急躬身唱喏道："林冲谨参。"那人全不采着，也不还礼。林冲不敢抬头。柴进指着林冲对洪教头道："这位便是东京八十万禁军枪棒教头，林武师林冲的便是。就请相见。"林冲听了，看着洪教头便拜。那洪教头说道："休拜，起来。"却不躬身答礼。柴进看了，心中好不快意。林冲拜了两拜，起身让洪教头坐。洪教头亦不相让，便去上首便坐。柴进看了，又不喜欢。林冲只得肩下坐了，两个公人亦各坐了。

洪教头便问道："大官人，今日何故厚礼管待配军？"柴进道："这位非比其他的，乃是八十万禁军教头。师父如何轻慢？"洪教头道："大官人只因好习枪棒上头，往往流配军人都来倚草附木，皆道我是枪棒教师，来投庄上，诱些酒食钱米。大官人如何忒认真？"林冲听了，并不做声。柴进说道："凡人不可易相，休小觑他。"洪教头怪这柴进说"休小觑他"，便跳起身来道："我不信他。他敢和我使一棒看，我便道他是真教头。"柴进大笑道："也好，也好。林武师你心下如何？"林冲道："小人却是不敢。"洪教头心中忖量道："那人必是不会，心中先怯了。"因此越来惹林冲使棒。柴进一来要看林冲本事，二者要林冲赢他，灭那厮嘴。柴进道："且把酒来吃着，待月上来也罢。"

当下又吃过了五七杯酒，却早月上来了，照见厅堂里面如同白日。柴进起身道："二位教头较量一棒。"林冲自肚里寻思道："这洪教头必是柴大官人师父，不争我一棒打翻了他，须不好看。"柴进见林冲踌躇，便道："此位洪教头也到此不多时，此间又无对手；林武师休得要推辞，小可也正要看二位教头的本事。"柴进说这话，原来只怕林冲碍柴进的面皮，不肯使出本事来。林冲见柴进说开就里，方才放心。只见洪教头先起身道："来，来，来！和你使一棒看。"一齐都哄出堂后空地上。庄客拿一束杆棒来，放在地下。洪教头先脱了衣裳，拽扎起裙子，掣条棒使个旗鼓，喝道："来，来，来！"柴进道："林武师，请较量一棒。"林冲道："大官人休要笑话。"就地也拿了一条棒起来道："师父请教。"洪教头看了，恨不得一口水吞了他。林冲拿着棒，使出山东大擂，打将入来。洪教头把棒就地下鞭了一棒，来抢林冲。两个教师就明月地上交手，真个好看。怎见是山东大擂？但见：

山东大擂，河北夹枪。大擂棒是鳅鱼穴内喷来，夹枪棒是巨蟒窠中拔出。大擂棒似连根拔怪树，夹枪棒如遍地卷枯藤。两条海内抢珠龙，一对岩前争食虎。

两个教头在月明地上交手，使了四五合棒，只见林冲托地跳出圈子外来，叫一声："少歇！"柴进道："教头如何不使本事？"林冲道："小人输了。"柴进道："未见二位较量，怎便是输了？"林冲道："小人只多这具枷，因此权当输了。"柴进道："是小可一时失了计较。"大笑着道："这个容易。"便叫庄客取十两银来，当时将至。柴进对押解两个公人道："小可大胆，相烦二位下顾，权把林教头枷开了。明日牢城营内但有事务，都在小可身上。白银十两相送。"董超、薛霸见了柴进人物轩昂，不敢违他，落得做人情，又得了十两银子，亦不怕他走了。薛霸随即把林冲护身枷开了。柴进大喜道："今番两位教师再试一棒。"

洪教头见他却才棒法怯了，肚里平欺他做，提起棒却待要使。柴进叫道："且住。"叫庄客取出一锭银来，重二十五两，无一时至面前。柴进乃言："二位教头比试，非比其他，这锭银子权为利物。若是赢的，便将此银子去。"柴进心中只要林冲把出本事来，故意将银子丢在地下。洪教头深怪林冲来，又要争这个大银子，又怕输了锐气，把棒来尽心使个旗鼓，吐个门户，唤做把火烧天势。林冲想道："柴大官人心里只要我赢他。"也横着棒，使个门户，吐个势，唤做拨草寻蛇势。洪教头喝一声："来，来，来！"便使棒盖将入来。林冲望后一退，洪教头赶入一步，提起棒又复一棒下来。林冲看他步已乱了，被林冲把棒从地下一跳，洪教头措手不及，就那一跳里和身一转，那棒直扫着洪教头臁儿骨上，撇了棒，扑地倒了。柴进大喜，叫快将酒来把盏。众人一齐大笑。洪教头那里挣扎起来？众庄客一头笑着扶了。洪教头羞颜满面，自投庄外去了。

"林冲棒打洪教头"这个段落被编入语文课本广为流传。其中有很多精彩的分析，大家在网络上都可以查到文字版本和视频版本。《水浒传》把这一段写得非常精彩。我们来简单分析一下。

林冲寻思，庄客称他教头，想必是柴大官人的师傅了，连忙站起来躬身施礼。洪教头全不理睬。林冲连说：不敢，不敢。林冲起身让座，洪教头也不相让，便去上首坐了。这两几句话可以看出林冲谦虚有礼，忍让有加。而洪教头则显得傲慢无礼。他先躬身施礼，一忍；林冲让座，二忍；不敢不敢，三忍；只好提起棒，四忍；不打认输，五忍，无可奈何；最后，迫于无奈，忍无可忍，一棒扫倒，点到为止。

"大官人，今日何故厚礼管待配军？""大官人只因好习枪棒上头，往往流配军人都来倚草附木，皆道我是枪棒教师，来投庄上，诱些酒食钱米。大官人如何忒认真？""我不信他。他敢和我使一棒看，我便道他是真教头。"从洪教头的这几句话中，可以看出他态度傲慢，出言伤人。洪教头和林冲的表现形成了鲜明的对比，一个骄傲蛮横、步步紧逼，一个谦虚平和、一再退让。在描写时，突出了对洪教头语言的刻画，写林冲虽然只有寥寥几笔，人物形象却栩栩如生。

洪教头跳起来大喊："来！来！来！"举起棒劈头打来，林冲往后一退。洪教头一棒落空，他一个踉跄，还没有站稳脚跟，就又提起了棒。林冲看他虽然气势汹汹，但脚步已乱，便抢起棒一扫，那棒直扫到他的小脚骨上。

洪教头盛气凌人，急不可待，林冲只是"一横""一退""一扫"，便轻松获胜。足见林冲武艺高强，并且心理上更占据优势，不像洪教头那样气势汹汹、穷凶极恶，而是点到为止。

林冲谦虚机智、心胸广阔、镇定自若、武艺高强，而洪教头心胸狭窄、自以为是、小肚鸡肠。这一段其实不光是写两个武士的比武，这一段实际上是一种人格教育。看完整段文字，面对林冲的表现，我们心里只有一句话——做人要做这样的人！

最神妙的就是，整个过程当中，林冲前后只说了四句话："大官人休要笑话。""师父请教。""小人输了。""少歇！""小人只多这具枷，因此权当输了。"反复读读这五句话，林冲的特点也就跃然纸上。

林冲时时刻刻在判断形势，选择留一手还是露一手。

只有在天时地利人和都具备的情况下，他才会选择露一手，否则就选择谦让含蓄，深藏不露。这是一种审时度势的智慧。

林冲确实有本事，他也自信可以战胜洪教头，但是林冲必须考虑到柴大官人的感受。如果柴大官人不愿意打则不能打；如果柴大官人不希望洪教头输，还是不能打，胜了人家不高兴，败了自己丢人。

所以林冲的思想经历了两个阶段。

一是判断可不可以打。林冲自肚里寻思道："这洪教头必是柴大官人师父，不争我一棒打翻了他，须不好看。"柴进见林冲踌躇，便道："此位洪教头也到此不多时，此间又无对手；林武师休得要推辞，小可也正要看二位教头的本事。"柴进说这话，原来只怕林冲碍柴进的面皮，不肯使出本事来。林冲见柴进说开就里，方才放心。

二是判断可不可以胜。柴进心中只要林冲把出本事来，故意将银子丢在地下。洪教头深怪林冲来，又要争这个大银子，又怕输了锐气，把棒来尽心使个旗鼓，吐个门户，唤做把火烧天势。林冲想道："柴大官人心里只要我赢他。"

只有在柴大官人同意打，并且对胜负不持立场的时候，林冲才可以动手。

一个真正的英雄，不但要具备取胜的能力，而且要知道什么时候应该取胜，这才是真正了不起的。出手容易，出手能赢不容易，该出手时才出手最不容易。历史上有很多有才华的人，最终都吃亏在自己的才华上。因为他们缺乏必要的形势判断，最典型的就是三国里的杨修，只会露一手，结果卖弄过度，丢了自己的性命。

林冲在身处逆境的时候，不失英雄本色，忍让、沉稳、机智。与他相比，同是武林中人的洪教头就显得浅薄渺小很多。所以《论语》有云，千里马在其德，不在其力。

林冲就是一匹优秀的千里马，柴大官人那是看在眼里喜在心上，接下来，柴进做了三件事。

第一件事，盛情款待。柴进携住林冲的手，再入后堂饮酒，叫将利物来送还教师。林冲那里肯受，推托不过，只得收了。柴进留在庄上一连住了几日，每日好酒好食管待。又住了五七日。

第二件事，打通关节。两个公人催促要行。柴进又置席面相待送行，又写两封书，分付林冲道："沧州大尹也与柴进好，牢城管营、差拨亦与柴进交厚，可将这两封书去下，必然看觑教头。"再将二十五两一绽大银送与林冲，又将银五两赍发两个公人。吃了一夜酒。

第三件事，承诺未来。次日天明，吃了早饭，叫庄客挑了三个的行李，林冲依旧带上枷，辞了柴进便行。柴进送出庄门作别，分付道："待几日小可自使人送冬衣来与教头。"

有了柴大官人这位贵人的倾心结交和大力支持，林冲心里踏实多了，他觉得接下来无非就是安心度岁月，好好处关系，不出三五年就可以安然无恙回到东京与家人团聚了。可是，正所谓树欲静而风不止，就在林冲心情舒畅放松警惕的同时，一场巨大的灾祸正在悄悄朝林冲袭来。我们下一讲接着说。

报恩与报仇的心态

有朋友问我，在中国的英雄故事里，什么样的内容和情节是最多的？我提供了一个字，我觉得关于这个字的内容和情节是最多的。这个字就是"报"，回报的报，报应的报。中国的英雄故事里充满了"报"的情节，要么就是报恩，要么就是报仇，要么就是深山练剑先报仇再报恩，然后就精忠报国。从三国水浒到金庸古龙，大英雄都是这么炼成的。

孔明先生在《出师表》中有这么一句话：此臣所以报先帝而忠陛下之职分也。报先帝知遇之恩，为陛下尽忠职守。在做事上要讲忠，在做人上要讲报，中国人的忠报思想由来已久并且根深蒂固。老百姓都相信，滴水之恩当涌泉相报；而且我们还相信"善有善报，恶有恶报，不是不报，时辰未到"；人算不如天算；下民易虐，上天难欺；暗室亏心，神目如电。这些思想的背后，是对良心与天理的坚守，是中国人根深蒂固的自我约束和自律机制。

有人坚守，那就有人不坚守；有人讲良心，那就有人不讲良心。所以面对善就是报恩，面对恶就是报仇。英雄林冲就是在这样的恩仇之间，完成了从逆来顺受到逼上梁山的转变。今天我给大家讲一讲，发生在林冲身上的报恩与报仇的故事。

细节场面：安守天王堂

话说林冲辞别了柴大官人，来到了沧州的牢城营。沧州牢城营内收管林冲，发在单身房里，听候点视。却有那一般的罪人，都来看觑他，对林冲说道："此间管营、差拨十分害人，只是要诈人钱物。若有人情钱物送与他时，便觑的你好；若是无钱，将你撇在土牢里，求生不生，求死不死。若得了人情，入门便不打你一百杀威棒，只说有病把来寄下；若不得人情时，这一百棒打得七死八活。"林冲道："众兄长如此指教，且如要使钱，把多少与他？"众人道："若要使得好时，管营把五两银子与他，差拨也得五两银子送他，十分好了。"

正所谓入水问渔，入山问樵，到了一个新地方，先了解一下情况，收集相关的信息，还是非常必要的一件事，能做到未雨绸缪，心中有数。

正说之间，只见差拨过来，问道："那个是新来配军？"林冲见问，向前答应道："小人便是。"那差拨不见他把钱出来，变了面皮，指着林冲骂道："你这个贼配军，见我如何不下拜，却来唱喏？你这厮可知在东京做出事来，见我还是大剌剌的。我看这贼配军满脸都是饿文，一世也不发迹。打不死、拷不杀的顽囚，你这把贼骨头好歹落在我手里，教你粉骨碎身，少间叫你便见功效。"林冲只骂的一佛出世，那里敢抬头应答！众人见骂，各自散了。

林冲等他发作过了，去取五两银子，陪着笑脸告道："差拨哥哥，些小薄礼，休嫌小微。"差拨看了道："你教我送与管营和俺的都在里面？"林冲道："只是送与差拨哥哥的。另有十两银子，就烦差拨哥哥送与管营。"差拨见了，看着林冲笑道："林教头，我也闻你的好名字，端的是个好男子，想是高太尉陷害你了。虽然目下暂时受苦，久后必然发迹。据你的大名，这表人物，必不是等闲之人，久后必做大官。"林冲笑道："皆赖差拨照顾。"差拨道："你只管放心。"又取出柴大官人的书礼，说道："相烦老哥将这两封书下一下。"差拨道："既有柴大官人的书，烦恼做甚！这一封书值一锭金子。我一面与你下书，少间管营来点你，要打一百杀威棒时，你便只说你一路患病未曾痊可。我自来与你支吾，要瞒生人的眼目。"林冲道："多谢指教。"差拨拿了银子并书，离了单身房自去了。林冲叹口气道："有钱可以通神，此语不差。端的有这般的苦处！"原来差拨落了五两银子，只将五两银子并书来见管营，备说："林冲是个好汉，柴大官人有书相荐在此呈上。已是高太尉陷害，配他到此，又无十分大事。"管营道："况是柴大官人有书，必须要看顾他。"便教唤林冲来见。

　　且说林冲正在单身房里闷坐，只见牌头叫道："管营在厅上叫唤新到罪人林冲来点视。"林冲听得呼唤，来到厅前。管营道："你是新到犯人，太祖武德皇帝留下旧制，新入配军，须吃一百杀威棒。左右，与我驮起来。"林冲告道："小人于路感冒风寒，未曾痊可。告寄打。"差拨道："这人见今有病，乞赐怜恕。"管营道："果是这个症候在身，权且寄下，待病痊可却打。"差拨道："见今天王堂看守的多时满了，可叫林冲去替换他。"就厅上押了帖文，差拨领了林冲，单身房里取了行李，来天王堂交替。差拨道："林教头，我十分周全你。教看天王堂时，这是营中第一样省气力的勾当，早晚只烧香扫地便了。你看别的囚徒，从早起直做到晚，尚不饶他。还有一等无人情的，拨他在土牢里，求生不生，求死不死。"林冲道："谢得照顾。"又取三二两银子与差拨道："烦望哥哥一发周全，开了项上枷亦好。"差拨接了银子，便道："都在我身上。"连忙去禀了管营，就将枷也开了。林冲自此在天王堂内安排宿食处，每日只烧香扫地，不觉光阴早过了四五十日。那管营、差拨得了贿赂，日久情熟，由他自在，亦不来拘管他。柴大官人又使人来送冬衣并人事与他。那满营内囚徒，亦得林冲救济。

凭借着柴大官人的书信引荐，加之送上白花花的银两，牢城营贪心的管营和差拨并没有为难林冲，而且还安排了一个清闲差事，让林冲看守天王堂。这个差事不错，每天烧烧香扫扫地，剩下就是自由活动。

规律分析：保持心态平衡

在经历了高俅的陷害、陆谦的背叛、妻子的别离、解差的暗算、差拨的羞辱、鲁智深的保护、柴大官人的抬举之后，林冲的生活终于获得了暂时的平静。

不过此时的林冲已经不是当初的林冲了。当初何等风光，八十万禁军教头，春风得意，人人羡慕；现在是阶下囚，身份低微，受人白眼，遭人嘲笑。在这样巨大的落差之下，林冲的内心世界确实经受了巨大的考验。

事实上，一个人在经历了这样的巨大生活落差之后，往往会心态失衡，悲观失望，进而产生逃避放弃的想法。

最近，一个毕业生跟我讲到了他的烦恼，他说自己一上班就犯困，无聊的小游戏能打两个小时，自己都觉得无聊，可就是停不下来，懒得跟熟人打交道，从各种同学圈子里退群，而且出现了严重的拖延症，很多小事都是一拖再拖。

我给他补充了两条。第一，是不是特别讨厌正面的表扬和鼓励。他说：对，那些说教最讨厌了。第二，是不是有辞职的冲动，想给自己来一个说走就走的旅行。他说：有的有的。

这个学生所产生的这些反应，我们统称为"逃避综合征"。一个大学生从熟悉的、擅长的、喜欢的校园环境，一下转到社会环境当中，人际关系变了，压力增加了，不擅长的事来了，批评的声音也来了。从象牙塔顶回到地面，这种巨大的落差会导致逃避的心理。所以我给已经毕业和即将毕业的各位大学生朋友几条建议。

一是学会喜欢不完美的自己，知道自己的优点是什么。二是放弃完美主义标准，不求事事做好，不求人人都夸你好。三是跟乐观开朗的人做朋友，交这样的朋友，受他们的感染。四是每天坚持做点小事，体会成功的感觉，练习坚韧的品质。五是坚持体育锻炼，增加力量感。

林冲凭借强大的心理素质渡过了难关，适应了这种生活环境落差带来的心理危机，这要得益于鲁智深的关心，还有来自柴大官人的帮助与支持。朋友之间真诚的友谊是一剂良药，可以治愈灾难所带来的巨大心理创伤。所以，俗话说，鱼和水要在一起，风和云要在一起，人和朋友要在一起。

智慧箴言

一滴水放在海洋里就不会干涸，一个人置身于朋友之中就能渡过难关。

林冲暗下决心，将来自己重获自由，与家人团聚，一定要百倍千倍报答柴大官人和鲁智深的一片恩情。其实，大家注意这个"报"字，跟它有关的三个词是报恩、报仇、报国，这三条一直是民间故事的重要主题。大家注意一下，很多侠义小说、英雄故事塑造的主人公，其人生基本是经历坎坷人生，练就绝世武功，先报仇再报恩，最后报效国家，青史留名。可以说，报恩、报仇、报国里所体现的"报"的文化一直是传统中国社会存在和发展的重要基础，也是我们的传统文化所关注的重要方面。

这种文化在大英雄林冲身上也体现得淋漓尽致。从林冲的遭遇当中，我们可以看到中国人日常为人处世的三个最基础的规则。

规则一：知恩图报，眼前的善言善行预示着未来

话说这一天，林冲正在街上走，忽然背后有人叫。回头看时，却认得是以前在东京的熟人李小二。

这个李小二和林冲却有一些渊源，林冲曾经有恩于他。当初在东京时，多得林冲看顾。这李小二先前在东京时，不合偷了店主人家财，被捉住了，要送官司同罪。却得林冲主张陪话，救了他免送官司。又与他陪了些钱财，方得脱免。京中安不得身，又亏林冲赍发他盘缠，于路投奔人。不想今日却在这里撞见。林冲道："小二哥，你如何也在这里？"李小二便拜道："自从得恩人救济，赍发小人，一地里投奔人不着。迤逦不想来到沧州，投托一个酒店里，姓王，留小人在店中做过卖。因见小人勤谨，安排的好菜蔬，调和的好汁水，来吃的人都喝采，以此买卖顺当。主人家有个女儿，就招了小人做女婿。如今丈人丈母都死了，只剩得小人夫妻两个，权在营前开了个茶酒店。因讨钱过来，遇见恩人。恩人不知为何事在这里？"林冲指着脸上道："我因恶了高太尉，生事陷害，受了一场官司，刺配到这里。如今叫我管天王堂，未知久后如何。不想今日到此遇见。"

李小二就请林冲到家里面坐定，叫妻子出来拜了恩人。两口儿欢喜道："我夫妻二人，正没个亲眷。今日得恩人到来，便是从天降下。"林冲道："我是罪囚，恐怕玷辱你夫妻两个。"李小二道："谁不知恩人大名，休恁地说。但有衣服，便拿来家里浆洗缝补。"当时管待林冲酒食，至晚送回天王堂。次日，又来相请。因此，林冲得李小二家来往，不时间送汤送水来营里与林冲吃。林冲因见他两口儿恭勤孝顺，常把些银两与他做本钱。冬来林冲的绵衣裙袄，都是李小二媳妇帮助整治缝补的。久旱逢甘霖，他乡遇故知，在孤独的流放生活中，这份真诚质朴的感情给林冲带来了极大的温暖和安慰。

智慧箴言

行善如同埋种子，种子虽小，将来可以长成参天大树，为播种的人遮风挡雨，让他的人生花果飘香。

　　而且我们中国人相信，富贵的"富"也音同付出的"付"，一个人富贵发达的时候，只要看他喜好什么，就能看出这个人的品行，也能看到这个人的未来。

　　林冲当年在发达的时候，不忘记关心小人物、乐善好施、扶危济困，这说明林冲的品行特别好，而且也说明林冲将来即使处于危难之中，也会有人来帮助他。

西晋石崇豪奢过度的故事

超级厕所

　　据《世说新语》等书载，石崇的厕所修建得华美绝伦，准备了各种的香水、香膏给客人洗手、抹脸。经常得有十多个女仆恭立侍候，一律穿着锦绣，打扮得艳丽夺目，列队侍候客人上厕所。客人上过了厕所，这些婢女要客人把身上原来穿的衣服脱下，侍候他们换上了新衣才让他们出去。凡上过厕所，衣服就不能再穿了，以致客人大多不好意思如厕。官员刘寔年轻时很贫穷，无论骑马还是徒步外出，每到一处歇息，从不劳累主人，砍柴、挑水都亲自动手。后来升官了，仍是保持勤俭朴素的美德。有一次，他去石崇家拜访，上厕所时，见厕所里有绛色蚊帐、垫子、褥子等极讲究的陈设，还有婢女捧着香袋侍候，忙退出来，笑对石崇说："我错进了你的内室。"石崇说："那是厕所！"刘寔说："我享受不了这个。"遂进了别处的厕所。

火浣布与沉香屑

　　石崇的财产山海之大不可比拟，宏丽室宇彼此相连，后房的几百个姬妾，都穿着刺绣精美无双的锦缎，身上装饰着璀璨夺目的珍珠美玉宝石。凡天下美妙的丝竹音乐都进了他的耳朵，凡水陆上的珍禽异兽都进了他的厨房。据《耕桑偶记》载，外国进贡火浣布，晋武帝制成衣衫，穿着去了石崇那里。石崇故意穿着平常的衣服，却让从奴五十人都穿火浣衫迎接武帝。石崇的姬妾美艳者千余人，他选择数十人，妆饰打扮完全一样，乍然一看，甚至分辨不出来。石崇刻玉龙佩，又制作金凤凰钗，昼夜声色相接，称为"恒舞"。每次欲有所召幸，不呼姓名，只听佩声、看钗色。佩声轻的居前，钗色艳的在后，次第而进。侍女各含异香，笑语则口气从风而飏。石崇又撒沉香屑于象牙床，让所宠爱的姬妾踏在上面，没有留下脚印的赐珍珠一百粒；若留下了脚印，就让她们节制饮食，以使体质轻弱。因此闺中相戏说："你不是细骨轻躯，哪里能得到百粒珍珠呢？"

王石斗富

　　石崇曾与贵戚晋武帝的舅父王恺以奢靡相比。王恺饭后用糖水洗锅，石崇便用蜡烛当柴烧；王恺做了四十里的紫丝布步障，石崇便做五十里的锦步障；王恺用赤石脂涂墙壁，石崇便用花椒。晋武帝暗中帮助王恺，赐了他一棵二尺来高的珊瑚树，这树枝条繁茂，树干四处延伸，世上很少有与它相当的。王恺把这棵珊瑚树拿来给石崇看，石崇看后，用铁制的如意击打珊瑚树，随手敲下去，珊瑚树立刻碎了。王恺感到很惋惜，又认为石崇是嫉妒自己的宝物。石崇说："这不值得发怒，我现在就赔给你。"于是命令手下的人把家里的珊瑚树全部拿出来，这些珊瑚树的高度有三尺四尺，树干枝条举世无双而且光耀夺目，像王恺那样的就更多了。王恺看了，露出失意的样子。豆粥是较难煮熟的，而石崇想让客人喝豆粥时，只要吩咐一声，须臾间，热腾腾豆粥就端来了；每到寒冷的冬季，石家还能吃到绿莹莹的韭菜碎末儿，这在没有暖房生产的当时可是件怪事。石家的牛从形体、力气上看，似乎不如王恺家的，可说来也怪，石崇与王恺一块出游，抢着进洛阳城，石崇的牛车总是疾行若飞，超过王恺的牛车。这三件事，让王恺恨恨不已，于是他以金钱贿赂石崇的下人，问其所以。下人回答说："豆是非常难煮的，先预备下加工成的熟豆粉末，客人一到，先煮好白粥，再将豆末投放进去就成豆粥了。韭菜是将韭菜根捣碎后掺在麦苗里。牛车总是跑得快，是因为驾牛者的技术好，对牛不加控制，让它撒开欢儿跑。"于是，王恺仿效着做，遂与石崇势均力敌。石崇后来知道了这件事，便杀了告密者。

　　石崇的行为如此豪奢糜烂，最终给他树了很多敌人，也招致了杀身之祸，他被满门抄斩，兄弟姐妹妻妾子女无一幸免；而且在大难来临的时候，平时拿钱结交的那么多朋友没有一个人出面搭救。

　　《吕氏春秋》形容这叫"富则观其所养"，有钱了发达了，通过这个人怎么花钱，就能看出这个人的品行和他未来的结局。如果富贵了不懂得付出，那么所有的荣华富贵将来都是负担。斗富、炫富、夸富其实都是取祸之道。

　　林冲虽然不似石崇富贵发达，但是他的品行却比石崇要高。他懂得付出，扶危济困，乐善好施，这也为他顺利度过人生中最大的一次危机埋下了伏笔。

规则二：恶有恶报，害人者终究害己

　　忽一日，李小二正在门前安排菜蔬下饭，只见一个人闪将进来，酒店里坐下，随后又一人入来。看时，前面那个人是军官打扮，后面这个走卒模样，跟着也来坐下。李小二入来问道："要吃酒？"只见那个人将出一两银子与小二道："且收放柜上，取三四瓶好酒来。客到时，果品酒馔只顾将来，不必要问。"李小二道："官人请甚客？"那人道："烦你与我去营里请管营、差拨两个来说话。问时，你只说有个官人请说话，商议些事务，专等，专等。"李小二应承了，来到牢城里，先请了差拨，同到管营家里，请了管营，都到酒店里。只见那个官人和管营、差拨两个讲了礼。管营道："素不相识，动问官人高姓大名。"那人道："有书在此，少刻便知。且取酒来。"李小二连忙开了酒，一面铺下菜蔬果品酒馔。那人叫讨副劝盘来，把了盏，相让坐了。小二独自一个，撺梭也似扶侍不暇。那跟来的人讨了汤桶，自行盪酒。约计吃过十数杯，再讨了按酒，铺放桌上。只见那人说道："我自有伴当盪酒，不叫你休来。我等自要说话。"

李小二应了，自来门首叫老婆道："大姐，这两个人来的不尴尬。"老婆道："怎么的不尴尬？"小二道："这两个人语言声音，是东京人，初时又不认得管营，向后我将按酒入去，只听得差拨口里讷出一句'高太尉'三个字来。这人莫不与林教头身上有些干碍？我自在门前理会，你且去阁子背后，听说甚么。"老婆道："你去营中寻林教头来，认他一认。"李小二道："你不省得，林教头是个性急的人，摸不着便要杀人放火。倘或叫的他来看了，正是前日说的甚么陆虞候，他肯便罢？做出事来，须连累了我和你。你只去听一听，再理会。"老婆道："说的是。"便入去听了一个时辰，出来说道："他那三四个交头接耳说话，正不听得说甚么。只见那一个军官模样的人，去伴当怀里取出一帕子物事，递与管营和差拨。帕子里面的莫不是金银？只听差拨口里说道：'都在我身上，好歹要结果了他性命。'"正说之间，（画。）阁子里叫："将汤来。"李小二急去里面换汤时，看见管营手里拿着一封书。小二换了汤，添些下饭。又吃了半个时辰，算还了酒钱，管营、差拨先去了。次后，那两个低着头也去了。转背没多时，只见林冲走将入店里来，说道："小二哥，连日好买卖。"李小二慌忙道："恩人请坐，小人却待正要寻恩人，有些要紧话说。"有诗为证：

> 潜为奸计害英雄，一线天教把信通。
>
> 亏杀有情贤李二，暗中回护有奇功。

当下林冲问道："甚么要紧的事？"小二哥请林冲到里面坐下，说道："却才有个东京来的尴尬人，在我这里请管营、差拨吃了半日酒。差拨口里讷出'高太尉'三个字来。小人心下疑，又着浑家听了一个时辰，他却交头接耳说话，都不听得。临了，只见差拨口里应道：'都在我两个身上，好歹要结果了他。'那两个把一包金银都与管营、差拨，又吃一回酒，各自散了。不知甚么样人。小人心下疑，只怕恩人身上有些妨碍。"林冲道："那人生得什么模样？"李小二道："五短身材，白净面皮，没甚髭须，约有三十余岁。那跟的也不长大，紫棠色面皮。"林冲听了大惊道："这三十岁的正是陆虞候。那泼贱贼也敢来这里害我！休要撞着我，只教他骨肉为泥！"李小二道："只要提防他便了，岂不闻古人言'吃饭防噎，走路防跌'？"林冲大怒，离了李小二家，先去街上买把解腕尖刀，带在身上，前街后巷一地里去寻。李小二夫妻两个，捏着两把汗。

话说这个陆谦本是林冲的好朋友，二人相交多年，他为什么会这样忘恩负义，欲置林冲于死地呢？每每讲到这里，我们都会痛恨陆谦卖友求荣、丧尽天良。

讲道德、讲良心是基本常识，是决不能动摇的做人底线。可是，为什么有人在做事情的时候，不顾道德和良心呢？关于这个问题，我们来分析一下。

要分析这个问题，我们需要先来讨论另外一个比较有意思的话题。有一次，一个学生问我，老师，为什么喜羊羊每次都能战胜灰太狼，动画片设计成这样违反自然规律啊！而且一点新意也没有，就不能让灰太狼胜利一次吗？

这个问题看起来很小，其实却是很大的。因为这个问题涉及一个国家或者民族如何教育下一代、引导孩子的人格成长，这可是关乎未来、关乎国运的大事。

一个人的道德感和价值观并非生来就有的，而是在成长中慢慢形成的。研究发现，在儿童阶段，大约是小学一年级之前，是一个人道德感形成的关键阶段。

在这个阶段，基本道德感围绕着一个简单的心理过程逐步形成，这就是同情心。

同情心是一个人道德感和价值观的起点。没了同情心，一个
人的道德感和价值观往往容易出问题。

回到我们前面的问题，在和大灰狼的斗争中，小红帽可以胜利，在和
灰太狼的斗争中喜羊羊可以胜利，这些都叫弱者胜利。讲述弱者胜利的故
事，会唤起孩子们的同情心，让他们关注弱者、关心弱者、同情弱者。这
种心理感受会帮助他们形成最基础的道德感和价值观。如果上来就讲弱肉
强食、狼性文化，要么成为狼，要么被吃掉，狼吃羊很正常，但这样的心
理感受会影响孩子们道德感的形成。我们讲一个《吕氏春秋》中秦西巴纵
麑的故事。

秦西巴纵麑的故事

孟孙氏打猎得到一只幼鹿，派秦西巴带回去烹了它。母鹿一
路跟着秦西巴啼叫。秦西巴不忍心，将小鹿放走，还给母鹿。孟
孙氏回来后问鹿在哪里。秦西巴回答说："小鹿的妈妈跟在后面
啼叫，我实在不忍心，私自放走了它，把它还给了母鹿。"孟孙
氏很生气，把秦西巴赶走了。过了一年，又把他召回来，让他担
任儿子的老师。左右的人说："秦西巴对您有罪，现在却让他担
任您儿子的老师，为什么？"孟孙氏说："他对一只小鹿都不忍
心伤害，又何况对人呢？"

让富于同情心的人给孩子们当老师，不但可以给孩子们更多的关心和
保护，而且还有助于孩子们形成道德感和价值观。鲁国的贵族孟孙氏可以
说是非常会选老师的。

　　每个人的性格都有其成长过程，每个人的心理都可以找到来龙去脉。陆谦这种忘恩负义、卖友求荣、心狠手辣的性格的形成，可以说和他所经历的社会环境，还有早期教育有很大关系。在儿童阶段，他所经受的一定是严酷的管理、冷酷的教育，他的老师或者家长一定没有秦西巴这样的善良与同情。由于同情心教育的缺失，陆谦的道德感和价值观实际上都没有形成。别说良心，他根本就没有心。这样的人格不仅会给别人带来灾难，最终也给他自己带来了灾难。

规则三：一报还一报，惩罚与原谅都不可或缺

　　当时张见草场内火起，四下里烧着。林冲便拿枪，却待开门来救火，只听得前面有人说将话来。林冲就伏在庙听时，是三个人脚步响，且奔庙里来。用手推门，却被林冲靠住了，推也推不开。三人在庙檐下立地看火，数内一个道："这条计好么？"一个应道："端的亏管营、差拨两位用心。回到京师，禀过太尉，都保你二位做大官。这番张教头没的推故。"那人道："林冲今番直吃我们对付了，高衙内这病必然好了。"又一个道："张教头那厮，三回五次托人情去说：'你的女婿殁了。'张教头越不肯应承。因此衙内病患看看重了太尉特使俺两个央浼二位干这件事，不想而今完备了。"又一个道："小人直爬入墙里去，四下草堆上点了十来个火把，待走那里去！"那一个道："这早晚烧个八分过了。"又听一个道："便逃得性命时，烧了大军草料场，也得个死罪。"又一个道："我们回城里去罢。"一个道："再看一看，拾得他一两块骨头回京，府里见太尉和衙内时，也道我们也能会干事。"

　　林冲听那三个人时，一个是差拨，一个是陆虞候，一个是富安。林冲道："天可怜见林冲，若不是倒了草厅，我准定被这厮们烧死了！"轻轻把石头掇开，挺着花枪，一手拽开庙门，大喝一声："泼贼那里去！"三个人急要走时，惊得呆了，正走不动。林冲举手肐察的一枪，先搠倒

差拨。陆虞候叫声："饶命！"吓的慌了手脚，走不动。那富安走不到十来步，被林冲赶上，后心只一枪，又戳倒了。翻身回来，陆虞候却才行的三四步。林冲喝声道："好贼！你待那里去！"批胸只一提，丢翻在雪地上。把枪搠在地里，用脚踏住胸脯，身边取出那口刀来，便去陆谦脸上阁着，喝道："泼贼！我自来又和你无甚么冤仇，你如何这等害我！正是杀人可恕，情理难容。"陆虞候告道："不干小人事，太尉差遣，不敢不来。"林冲骂道："奸贼，我与你自幼相交，今日倒来害我，怎不干你事！且吃我一刀。"把陆谦上身衣服扯开，把尖刀向心窝里只一剜，七窍迸出血来，将心肝提在手里。回头看时，差拨正爬将起来要走。林冲按住喝道："你这厮原来也恁的歹！且吃我一刀。"又早把头割下来，挑在枪上。回来把富安、陆谦头都割下来。把尖刀插了，将三个人头发结做一处，提入庙里来，都摆在山神面前供桌上。再穿了白布衫，系了胳膊，把毡笠子带上，将葫芦里冷酒都吃尽了。被与葫芦都丢了不要。提了枪，便出庙门投东去。

至此，林冲被逼无奈手刃仇人。大家注意一个细节，他把被子和酒葫芦丢了不要，这个举动也意味着林冲要和过去完全决裂了。

有人对林冲做了基本评价，两个字：一个是忍，一个是狠。

林冲本来是准备让步和妥协的，但是他的每次忍耐都带来了对手的变本加厉，最后他只有奋起反抗。

在日常的人际关系当中，我们往往也面临这样的挑战，忍的边界在哪里，是要战斗还是要妥协。关于这个问题，给大家推荐一个基本的策略，叫一报还一报。

20世纪80年代，密歇根大学政治学家罗伯特·阿克塞尔罗德（Robert Axelrod）开始思考：在现代复杂社会中，何种行为规则才是个人收益最大化的最优竞争策略？他写信给不同学科的学者，让他们提供自以为最佳的行为规则，然后编成电脑程序，相互竞赛。第一场锦标赛，他共收到14个程序。在捉对厮杀中，程序运行了十多万次，最后按照总得分排出名次。

胜出的程序，竟是其中最简单明了的"一报还一报"（Tit for Tat）。很快，阿克塞尔罗德又组织了第二场竞赛。这次他收到62个程序，其中还有不少程序针对"一报还一报"做了专门改进。一场混战的结果是"一报还一报"再次排名第一。

"一报还一报"是人类最古老的行为规则之一。它要求我们最初总以善意待人，在没有被欺骗之前，永远不要主动欺骗他人；一旦发现他人的欺骗，下次交往时要毫不犹豫地报复、惩罚；惩罚过后，又回到起点，继续善意待人。这种行为规则中，人们永远只需记忆最近一次的对方行为，宽容看待对方的过往行为，除了上一次背叛。

这两次锦标赛充分证明了"一报还一报"策略的威力。阿克塞尔罗德后来曾公开征集可能打败它的策略程序，但几十年过去，还没有程序能做到这一点。

关于"一报还一报"策略的运用，在电影《无间道》中有一句广为流传的台词："出来混，迟早要还的。"这句台词决定了剧中不少人物的命运，无论黑道还是白道，警还是匪。很多人物在以为自己胜券在握或逃出生天时，猝不及防地死去，用一条命来还了。在博弈论中，"还"也是早晚的事，不过这不是什么宿命，而是"一报还一报"策略的出发点和立足点，也是它的基点。

所以，在论语里也主张"以德报德，以直报怨"。

智慧箴言

要以公正的态度和标准对待善与恶，做了坏事就要付出代价，无原则的忍耐和无原则的善良就等于姑息纵容。

有些人做了坏事，连基本的道歉都没有，就希望他人忘记过去，还嫌别人态度冷淡、没有笑脸。不是我们没有笑脸，而是这些做坏事的人配不上笑脸！我们决不能姑息。

　　陆谦、福安和差拨这三个做尽坏事的恶人得到了应有的下场。林冲杀死三个人之后，也用了一个脱身的计谋。走不到三五里，早见近村人家都拿着水桶、钩子来救火。林冲道："你们快去救应，我去报官了来。"提着枪只顾走。那雪越下的猛。

　　这场铺天盖地的大雪，成了将林冲逼上梁山的重要背景。一方面，这雪铺垫了氛围，在大雪中报仇雪恨，自有一种别样的壮烈。如果说在牛毛细雨中报仇雪恨，那氛围就差一些了，所以文学作品的基本规律是"雨中恋爱，雪中报仇"，这雨和雪都是烘托氛围的好背景。另一方面，雪还起到推动情节的作用，因为下雪，林冲去买酒吃，房子被雪压垮，林冲夜宿山神庙，所以大火才没有伤到林冲，陆谦等人在庙前避雪，林冲才得以报仇雪恨，这些环节都是环环相扣的。现在草场烧了，仇人杀了，但是大雪还在铺天盖地下着，下一步往哪里去呢？林冲踩着厚厚的积雪踉踉跄跄继续往前走，天寒地冻、冷风彻骨，他急切地想寻一个避风雪的去处，就这样走着走着，一不小心，危难之时的林冲又遇上了一场意外的争端。这个争端因何而起，林冲又是怎么应对的呢？我们下一讲接着说。

小心眼的领导不好处

有人问我什么样的领导算是好领导，我觉得人无完人，谁都有缺点和不足，对于管理者也不能求全责备。有远见，懂得任用人才，能做到这两点就是好领导。

大家看，刘备三顾茅庐请诸葛亮出山共图大事，当年刘备四十七岁，诸葛亮二十七岁。刘备的身份是大汉皇叔豫州牧左将军宜城亭侯。什么是大汉皇叔？说白了，那身份是皇帝的二大爷。而诸葛亮呢，就是一个二十多岁的农村小伙子，没有任何职务，没有任何业绩。两个人身份地位差距悬殊。但是刘备了不起，在第一次见面谈话之后，就能大胆起用这个二十多岁的农村小伙子。这是多么大的胸怀和境界。

智慧箴言

胸怀有多大，事业就有多大，境界有多高，成就就有多高。

一群人做事，最怕的就是让一个没有胸怀、小心眼的人当领导，那麻烦可就大了。他敏感、紧张，一方面他容不下别人，另一方面他又离不开别人。你说你有能力，他担心你夺权；你说你没能力，他嫌弃你白吃饭。你表态要努力奋斗，他就防备你制约你；你闲在一边不干活，他就抱怨你打击你。一个人才如果不小心碰到了这样小心眼的领导，那可真是"猪八戒照镜子，里外不是人"。梁山好汉豹子头林冲偏巧就摊上了这样的事儿。

细节场面：雪夜抢酒吃

林冲投东去了两个更次，身上单寒，当不过那冷。在雪地里看时，离的草场远了。只见前面疏林深处，树木交杂，远远地数间草屋，被雪压着，破壁缝里透出火光来。林冲径投那草屋来，推开门，只见那中间坐着一个老庄家，周围坐着四五个小庄家向火。地炉里面焰焰地烧着柴火。林冲走到面前，叫道："众位拜揖。小人是牢城营差使人，被雪打湿了衣裳，借此火烘一烘，望乞方便。"庄客道："你自烘便了，何妨得。"林冲烘着身上湿衣服，略有些干，只见火炭边煨着一个瓮儿，里面透出酒香。林冲便道："小人身边有些碎银子，望烦回些酒吃。"老庄客："我们每夜轮流看米囤，如今四更，天气正冷，我们这几个吃尚且不勾，那得回与你？休要指望。"林冲又道："胡乱只回三五碗与小人盪寒。"老庄家道："你那人休缠，休缠！"林冲闻得酒香，越要吃，说道："没奈何，回些罢。"众庄客道："好意着你烘衣裳向火，便来要酒吃。去便去，不去时将来吊在这里。"林冲怒道："这厮们好无道理。"把手中枪看着块焰焰着的火柴头，望老庄家脸上只一挑将起来，又把枪去火炉里只一搅，那老庄家的髭须焰焰的烧着。众庄客都跳将起来，林冲把枪杆乱打。老庄家先走了。庄家们都动掸不得，被林冲赶打一顿，都走了。林冲道："都去了，老爷快活吃酒。"土坑上却有两个椰瓢，取一个下来，倾那瓮酒来吃了一会，剩了一半，提了枪出门便走。一步高，一步低，浪浪跄跄捉脚不住。走不过一里路，被朔风一掉，随着那山涧边倒了，那里挣得起来。凡醉人一倒，便起不得。醉倒在雪地上。

规律分析：闸门效应

以林冲之前对待董超、薛霸，对待洪教头等人的态度，他是不会为了几口酒动手打人的。但是，在草料场被烧，杀了陆谦、富安和差拨之后，林冲的行为模式发生了变化。

王廷相乘轿的故事

　　明朝张翰的《松窗梦语》中记载着一个很有哲理的故事。张翰刚当上御史的时候，就去拜访都台长官王廷相。王廷相为了鼓舞张翰当好官做好人，给他讲了自己乘轿的故事。王说，有一次他乘轿进城公务，半路上下起了雨，有个轿夫穿了一双新鞋。开始时，这个轿夫小心翼翼地循着干净无水的地方走，可是后来一不小心踩进了泥水坑。再往前走的时候，这位轿夫就再也不顾及自己的新鞋子了，随便它往泥水坑里踩。王廷相感叹地对张翰说："做官、做人、做事的道理，和这位轿夫的新鞋不小心踩进泥水坑里是一样的啊！只要人一不小心犯了错，那你以后就再也不会有所顾忌了。因此，约束自己的行为，是一个人经常修炼的功课。"

这个故事给我们展示了一个基本的心理规律：

智慧箴言

　　每个人的自我管理都存在闸门效应。很多事情在没有迈出第一步之前，一切都是可控的，一旦迈出第一步，那么就如同打开闸门放水一样，之后的行为就会变得无法控制。

林冲控制情绪就是如此。一开始抱有一线希望，期待着熬过一劫，能

够回京城和家人团聚，所以处处忍让待人谦和。现在一旦动手杀了仇人，闸门打开，那发个脾气、抢个酒吃还不是小菜一碟，根本不在话下。

不光情绪管理存在闸门效应，自我修养的各个领域都存在闸门效应。

举个很典型的例子。一个公务员因为曾贪污和挪用巨额公款被捕入狱，交代罪行的时候，他说了一件事情，一开始他自己是严格自律、清清白白的。走向深渊的第一步，说起来很可笑，居然就是两块钱。有一次买彩票，碰巧自己没带零钱，于是就顺手拿了两元公款去买彩票，结果一发不可收拾。拿了两元，就想拿二十元，买过了彩票，接着买烟买酒买奢侈品，最后发展到只要没钱便从公款中拿，甚至拿公款去赌博。漏洞随着时间的流逝越来越大，最后终于东窗事发，沦为阶下囚，一切一切的起因居然就是两元钱。

"勿以恶小而为之"，古人所说不假，假使当初把持住自己，不去拿那两元钱，想必那位公务员也不会犯下如此重罪。人的心理很微妙，一个人的心理防线也许可以很坚固，但只要其中有一点崩溃，那么再坚固的防线也可能轰然倒塌。那个轿夫开始还一直小心翼翼地保护他的新鞋，但一旦踩进泥水，就不再顾忌了。看看那些吸毒的人，看看那些贪官污吏，他们往往就是在迈出了错误的第一步以后破罐子破摔，在错误的道路上越走越远。要想防微杜渐，就要时刻自持，坚决守住原则和底线。心理的闸门坚决不能打开，否则一发不可收拾，结果不堪设想。

策略一：展示方式上要适当收敛，不可强势

当时小喽罗把船摇到金沙滩岸边。朱贵同林冲上了岸，小喽罗背了包裹，拿了刀仗，两个好汉上山寨来。那几个小喽罗自把船摇去小港里去了。林冲看岸上时，两边都是合抱的大树，半山里一座断金亭子。再转将上来，见座大关。关前摆着枪刀剑戟，弓弩戈矛，四边都是擂木炮石。小喽罗先去报知。

二人进得关来，两边夹道遍摆着队伍旗号。又过了两座关隘，方才到寨门口。林冲看见四面高山，三关雄壮，团团围定，中间里镜面也似一片平地，可方三五百丈；靠着山口才是正门，两边都是耳房。朱贵引着林冲来到聚义厅上。中间交椅上坐着王伦，左边交椅上坐着杜迁，右边交椅上坐着宋万。朱贵、林冲向前声喏了。林冲立在朱贵侧边。朱贵便道："这位是东京八十万禁军教头，姓林名冲。因被高太尉陷害，刺配沧州，那里又被火烧了大军草料场。争奈杀死三人，逃走在柴大官人家，好生相敬。因此特写书来，举荐入伙。"林冲怀中取书递上。王伦接来拆开看了，便请林冲来坐第四位交椅，朱贵坐了第五位。一面叫小喽罗取酒来，把了三巡。动问柴大官人近日无恙。林冲答道："每日只在郊外猎校乐情。"

王伦动问了一回，蓦然寻思道："我却是个不及第的秀才，因鸟气，合着杜迁来这里落草，续后宋万来，聚集这许多人马伴当。我又没十分本事，杜迁、宋万武艺也只平常。如今不争添了这个人，他是京师禁军教头，必然好武艺。倘若被他识破我们手段，他须占强，我们如何迎敌。不若只是一怪，推却事故，发付他下山去便了，免致后患；只是柴进面上却不好看，忘了日前之恩，如今也顾他不得。"

王伦明显是找借口排挤林冲，不想让他上山入伙。类似的一套说辞，在晁盖、吴用七星聚义上梁山的时候，王伦也使用了。基本的内容几乎完全一样。

《水浒传》"林冲水寨大火并，晁盖梁山小夺泊"这一回这么写道，看看饮酒至午后，王伦回头叫小喽罗："取来。"三四个人去不多时，只见一人捧个大盘子里放着五锭大银。王伦便起身把盖，对晁盖说道："感蒙众豪杰到此聚义，只恨敝山小寨是一洼之水，如何安得许多真龙。聊备些小薄礼，万望笑留。烦投大寨歇马，小可使人亲到麾下纳降。"晁盖道："小子久闻大山招贤纳士，一径地特来投托入伙。若是不能相容，我等众人自行告退。重蒙所赐白金，决不敢领。非敢自夸丰富，小可聊有些盘缠使用。速请纳回厚礼，只此告别。"王伦道："何故推却？非是敝山不纳众

位豪杰，奈缘只为粮少房稀，恐日后误了足下，众位面皮不好，因此不敢相留。"

大家看到了，王伦前后两次都是以粮少房稀为由，阻挠英雄好汉上山。王伦的嫉贤妒能，本质上是一种自我保护。他担心的不是梁山队伍和事业能不能壮大，而是自己的权力和地位稳不稳定。由于看到了林冲的好本事，担心林冲夺权，所以下决心不接纳林冲。因此，我们可以看出王伦是一个心胸狭窄、缺乏领导艺术的管理者。这种小心眼的领导在现实生活中也不在少数，我们甚至常常会在身边人身上看到王伦的影子。一般来说，小心眼的领导基本上有两种类型，我们借用一个庄子的故事给大家解释一下。

🌀 砍树的领导与杀雁的领导

庄子把学生领到山上，见一群人在砍伐树木。庄子派学生上前问，为何有一棵大树不砍。伐树人回答："那是臭椿树，纹理弯曲，气味难闻，实在不成材，所以不砍。"庄子对学生说："树木有十年而遭斧凿之灾的，有百年长青的，原因在于有用与无用、成材与不成材之间。"学生大悟："原来有用则亡，无用则存。"

庄子摇头，又带学生到一农舍。一老翁正在杀雁。众雁惶恐异常，唯有一雁神态自若。庄子遣学生前去询问，老翁说："此雁鸣声悦耳，极其难得，不忍杀。"庄子又对学生说："雁有长成即遭刀斧的，有自得其乐快活无忧的，原因也在于有用与无用、成材与不成材之间。"学生又悟道："原来有用则存，无用则亡。"

说到这里，大家能看到，其实借用庄子的比喻，我们也可以把管理者分为两种类型，一类是砍树型，另一类是杀雁型。有些管理者专门爱盯着有才华、有能力的人，要么鞭打快牛把能人累死，要么小心防范把能人屈死，这属于砍树型管理者；而有些管理者则专门爱盯着没能力、没贡献的人，要么进步、提升、长本事，要么考核淘汰，让你走人，这属于杀雁型管理者。很显然，王伦属于砍树型管理者，而且是出于个人私心和权力欲"砍树"的。

那么面对这样的管理者，应该怎么办呢？其实庄子给了一个基本的建议——龙蛇之变。

有学生疑惑不解，问："君子长久之道，到底在于有用，还是在于无用呢？"

庄子答："做树，则无用长久；做雁，则有用长久。君子应当谨慎地考虑有用与无用的问题，顺应环境，善于变化。就好像天上的龙，风云际会，高高在上，万众景仰；一旦大旱千里，风雨不作，就能身伏草莽，做一条小蛇，与蝼蚁蜈蚣为伴。该做龙时专心做龙，该做蛇时安心做蛇，这才是长久之道。"

所以有一种管理理论叫权变理论，就是根据对象、情况来确定自己行为风格。世界上不存在一成不变的东西，一定要根据情况采取对策，成大事者当有龙蛇之变。

韩信受胯下之辱、勾践卧薪尝胆，这些都属于典型的龙蛇之变。

林冲面对王伦这样小心眼的领导，以及自己进退两难的处境，也采取了龙蛇之变的策略。俗话说得好，在屋檐下避雨，就得懂得低头嘛。不过对于王伦的故意刁难，有人提出了不同看法。

策略二：提意见方式，要内外有别，借嘴说话

朱贵见了，便谏道："哥哥在上，莫怪小弟多言。山寨中粮食虽少，近村远镇，可以去借。山场水泊，木植广有，便要盖千间房屋却也无妨。这位是柴大官人力举荐来的人，如何教他别处去？抑且柴大官人自来与山上有恩，日后得知不纳此人，须不好看。这位又是有本事的人，他必然来

出气力。"杜迁道："山寨中那争他一个？哥哥若不收留，柴大官人知道时见怪，显的我们忘恩背义。日前多曾亏了他，今日荐个人来，便恁推却，发付他去。"宋万也劝道："柴大官人面上，可容他在这里做个头领也好；不然见的我们无意气，使江湖上好汉见笑。"王伦道："兄弟们不知。他在沧州虽是犯了迷天大罪，今日上山，却不知心腹。倘或来看虚实，如之奈何？"林冲道："小人一身犯了死罪，因此来投入伙，何故相疑？"王伦道："既然如此，你若有心入伙时，把一个投名状来。"林冲便道："小人颇识几字，乞纸笔来便写。"朱贵笑道："教头，你错了。但凡好汉们入伙，须要纳投名状，是教你下山去杀得一个人，将头献纳，他便无疑心。这个便谓之投名状。"林冲道："这事也不难。林冲便下山去等，只怕没人过。"王伦道："与你三日限。若三日内有投名状来，便容你入伙；若三日内没时，只得休怪。"林冲应承了，自回房中宿歇，闷闷不已。正是：

> 愁怀郁郁苦难开，可恨王伦忒弄乖。

> 明日早寻山路去，不知那个送头来？

大家注意，林冲不说话，但是有人替林冲说话，朱贵、杜迁、宋万三个人都用温和的方式劝说王伦留下林冲。王伦见到自己信任的这三个兄弟都说话了，就改变了主意，让林冲去报个投名状来，就能留在山寨之中。

所以我们就看到了一个很典型的现象，对于小心眼的管理者来说，只有他信任、喜欢的人提出的不同想法，他才会接受。讲一个《韩非子》中的故事。

智子疑邻的故事

宋国有个富人，一天晚上下雨，家里的墙被冲垮了。儿子说，不把墙修好，就会引来盗贼。邻居老人也这么说。这个晚上，富人家果真来了盗贼。富人就说，我的儿子真聪明，却又怀疑邻居老人是盗贼。

这个小故事给我们展示了一种不看事实，而只用亲疏和感情作为判断是非的标准的人，同时也给我们展示了一种提意见和建议的时候，有感情且相互信任的人说话会被采纳，没感情、没信任的人说话则会被怀疑和排斥的现象。

王伦和这个宋国的富人一样，都是小心眼、爱怀疑的人。所以对于王伦这样小心眼的领导，你要让他接纳建议和意见，就必须让有信任、有感情的自己人说。外人提意见，只能让他更加反对、更加怀疑。

我们在生活中也会遇到这样的事情，过年一家人吃团圆饭，桌子上摆了难得吃到的新鲜水果。儿子在吃香梨，尝了一口觉得很好吃，转手递给父亲，说爹你尝尝，可甜啦。当爹的眉开眼笑，说看看我儿子多好，有好吃的从来不忘记我，好儿子。

过一会儿，旁边的姑爷在吃蜜橘，尝了一瓣发现很好吃，就把剩下的递给老丈人说：爸，您也尝尝，很甜的。这回当爹的脸色一下就变了，心里想的是，自己吃剩下的、不想吃的东西，要给我吃，真不像话，还是自己的亲儿子好！

所以，跟小心眼的人打交道，发现问题了一定不能立刻说，要先分析一下感情关系和信任程度，只有具备了足够的信任与感情，才能开口提出不同意见。

朱贵、杜迁、宋万三个王伦信任的人不约而同地为林冲说话，请求王伦收回成命留下林冲。在三个人的建议之下，王伦改了口，要求林冲取个投名状来，就可以入伙。

投名状是江湖黑道上的基本规矩，过去上山当土匪，为了获得信任，表示自己的决心和忠心，就先杀个人将人头献上，表示自己也有人命在身，不会背叛，不会向官府告密，这种行为就属于纳一个投名状。

策略三：汇报方式上，要说得少些，放下情绪，锁定目标

这投名状说是好说，取却难取。其中的难处，王伦估计早已经知晓，而林冲是外来户，对于其中的来龙去脉并不晓得。原来，自从梁山有了落草的好汉，常在山下劫道，周围沿路的客商行人知道了消息，能绕路的都绕路走了，不能绕路的，也都是带着刀枪棍棒在中午时分结伙而行。林冲这投名状，三日之内还真是难取。

那么取不来这投名状，发现王伦是在故意刁难自己，林冲会不会发作脾气，和王伦吵闹一番呢？我们来看看实际情况如何。

第一天的情况：空手而归不敢答应。

当晚席散，朱贵相别下山，自去守店。林冲到晚，取了刀仗、行李，小喽罗引去客房内歇了一夜。次日早起来，吃些茶饭，带了腰刀，提了朴刀，叫一个小喽罗领路下山，把船渡过去，僻静小路上等候客人过往。从朝至暮，等了一日，并无一个孤单客人经过。林冲闷闷不已，和小喽罗再过渡来，回到山寨中。王伦问道："投名状何在？"林冲答道："今日并无一个过往，以此不曾取得。"王伦道："你明日若无投名状时，也难在这里了。"林冲再不敢答应，心内自已不乐。来到房中，讨些饭吃了。又歇了一夜。

第二天的情况：空手而归，不敢答应，只是叹了口气。

次日清早起来，和小喽罗吃了早饭，拿了朴刀，又下山来。小喽罗道："俺们今日投南山路去等。"两个来到林里潜伏等候，并不见一个客人过往。伏倒午时后，一伙客人约有三百余人，结踪而过。林冲又不敢动手，让他过去。又等了一歇，看看天色晚来，又不见一个客人过。林冲对小喽罗道："我恁地晦气，等了两日，不见一个孤单客人过往，何以是好？"小喽罗道："哥哥且宽心。明日还有一日限。我和哥哥去东山路上等候。"当晚依旧上山。王伦说道："今日投名状如何？"林冲不敢答应，只叹了一口气。王伦笑道："想是今日又没了。我说与你三日限，今已两日了。若明日再无，不必相见了，便请挪步下山，投别处去。"林冲回到房中，端的是心内好闷！

两次空手而归，被王伦挖苦挤兑，但是林冲并无半点发作，甚至连一点分辨解释都没有。

那么他为什么既不争吵也不解释呢？

我们肯定，林冲并非惧怕王伦，他的目标很明确，尽量迁就对方，争取留下来即可。本来对方就不太认可，所以林冲不愿挑起新的纠纷。

所以，跟小心眼的领导沟通，锁定目标特别重要，一定不能把情绪感受放在第一位。本来对方就紧张敏感，你这里再因为一两句话就激动起来，真吵起来，那么结局都是一拍两散。林冲现在目标只有一个，就是无论如何留下来。在梁山安顿下来是林冲的核心目标，所以每次一旦出现分歧的时候，林冲就干脆不说话。这种方法就是把目标放在情绪之上。

智慧箴言

在实际生活中，我们往往会犯一个错误，即注意力全在自己的情绪感受上，为了一点小事就激动起来，结果不仅没有达成目标，还激发了更大的矛盾。

我来举个例子，是一个发生在身边的小故事。

我们项目组有个同事，年轻小伙子刚结婚。一天早晨，我们开项目会，他迟到了，而且他脖子左侧的位置平行贴了两个创可贴。大家问他怎么了，他嘴上说没事，但大家明显看出他比较沮丧。小师弟耍了一个心眼说：大家看，老师怎么来了！当所有人伸脖子往门那边看的时候，小师弟趁他没留神，一下就把创可贴给揭下来了，脖子上赫然两道指甲的抓痕。大家哄堂大笑，说：你看看这是被老婆挠了吧？他嘴硬说是猫挠的。其实，有点常识的人都知道，猫指甲细长，人指甲扁平，所以猫挠的成线，人挠的成片。他这个肯定是人挠的。我就问他：刚结婚怎么就这么大火

气，大早晨打架挠成这样？他无奈地叹了口气，讲出了其中的原因。

原来俩人打架是因早上刷牙时挤牙膏而起的。

牙膏有三种挤法：有人从后往前挤，这叫节约派；有人从管口处挤，这叫效率派；还有人看哪里鼓起来就从哪里挤，这叫随意派。

小伙子是"效率派"，偏偏他老婆是"节约派"。老婆就劝他说：你那样挤不对，应该从后往前，这样节约。他反驳说：我这样时间最快、效率最高。一切节约说到底都是时间的节约。老婆说：你不要强词夺理，你那样就是不对。他说：明明是你的不对。老婆说：你这人怎么这样，胡搅蛮缠。他说：我跟你没法沟通。老婆说：哎呀，一个男人一点道理都不讲，你看你们赵师兄多懂道理，你跟人家学学好吗？他说：你看他好，你嫁给他呀！老婆说：别以为我没有想过！于是，一场战争就这样开始了。

其实，这完全是不必发生的事情。这两口子是同一种人，都犯了相同的错误，就是在遇到问题的时候，不是把目标放在第一位，而是把自己的情绪感受放在第一位。一旦感觉不舒服，就爆发强烈的情绪去攻击对方，于是由一件小事情导致大吵大闹，甚至动起手来。

这个小伙子完全可以采取目标导向的解决方式来化解这次矛盾。

首先，老婆让改，一个挤牙膏有什么大不了的，家庭和谐最重要，那咱就改改嘛。

其次，如果不想改也没关系，讨老婆一个开心，当场改一下也可以，她不在的时候怎么挤都行。

再次，实在不行，自己买一管牙膏，放在高处，等老婆走了，想怎么挤就怎么挤。完全没必要为这点小事影响夫妻感情。

其实，小心眼的人就是常常让人看着不顺眼，特别容易引发不快。但是，无论遇到什么事情，一定要先把目标弄清楚，你要达到什么目的、什么是最重要的？把这些弄明确了，再用这个认识去调整自己的情绪，每次激动的时候都提醒自己；发脾气会让情况更糟糕，不利于目标实现。这样就不会因小失大了。这是和小心眼的领导相处的一个重要技巧。

　　林冲也明白王伦是故意刁难，他也看王伦不顺眼。但是林冲给自己明确的目标，就是要留下来，留在梁山。为了确保实现这个目标，眼前就不能和王伦起进一步的冲突，一定要把个人的情绪先放下来。

　　过了一夜，次日天明起来，讨些饭食吃了，打拴了那包裹，撇在房中。跨了腰刀，提了朴刀，又和小喽罗下山过渡，投东山路上来。

　　这一次林冲下决心了。林冲道："我今日若还取不得投名状时，只得去别处安身立命。"两个来到山下东路林子里潜伏等候。看看日头中了，又没一个人来。时遇残雪初晴，日色明朗。林冲提着朴刀，对小喽罗道："眼见得又不济事了，不如趁早，天色未晚，取了行李，只得往别处去寻个所在。"小校用手指道："好了，兀的不是一个人来！"林冲看时，叫声："惭愧！"只见那个人远远在山坡下，望见行来。待他来得较近，林冲把朴刀杆剪了一下，蓦地跳将出来。那汉子见了林冲，叫声："阿也！"撇了担子，转身便走。林冲赶将去，那里赶得上？那汉子闪过山坡去了。林冲道："你看我命苦么！等了三日，甫能等得一个人来，又吃他走了。"小校道："虽然不杀得人，这一担财帛可以抵当。"林冲道："你先挑了上山去，我再等一等。"

　　林冲这一等不要紧，一下子就等出来另一位梁山好汉，引出了一段曲折精彩的英雄故事。那么这位即将出场的好汉是谁呢？我们下一讲接着说。

第十二讲

求职失败怎么办

这几天正是大学生的毕业季，经历了最后一段美好的校园时光之后，很多同学即将走上工作岗位。还有些同学尚在寻找和选择的阶段，这段时间，和我咨询就业求职问题的同学很多。有一句管理学的名言分享给大家：选择比努力更重要，方向选错了，越努力离成功越远。所以中国人有说法，男怕入错行，女怕嫁错郎。

人们在选择过程中，最大的挑战就是在需要与可能之间找一个平衡点。你选最好的，可是最好的不一定选你。有时候，我们定了一个目标，奋斗了好多次，都无法成功，这时候是要坚持还是要放弃呢；求职递简历，投了十五份不是没回音就是第一轮被淘汰。这个时候，到底是要继续坚持，还是换个城市换个方向！这些问题都是困扰很多年轻人的问题。梁山好汉也不乏身怀绝技却求职失败的例子，今天我们就聊聊这个话题。

细节场面：杨志林冲比武艺

话说林冲打一看时，只见那汉子头戴一顶范阳毡笠，上撒着一把红缨，穿一领白段子征衫，系一条纵线绦，下面青白间道行缠，抓着裤子口，獐皮袜，带毛牛膀靴，挎口腰刀，提条朴刀，生得七尺五六身材，面皮上老大一搭青记，腮边微露些少赤须，把毡笠子掀在脊梁上，坦开胸脯，带着抓角儿软头巾，挺手中朴刀，高声喝道："你那泼贼，将俺行李财帛那里去了？"林冲正没好气，那里答应，睁圆怪眼，倒竖虎须，挺着朴刀，抢将来斗那个大汉。

　　……

　　林冲与那汉斗到三十来合，不分胜败。两个又斗了十数合，正斗到分际，只见高山处叫道："两个好汉不要斗了。"林冲听得，蓦地跳出圈子外来。两个收住手中朴刀，看那山顶上时，却是王伦和杜迁、宋万，并许多小喽罗走下山来，将船渡过了河，说道："两位好汉，端的好两口朴刀，神出鬼没。这个是俺的兄弟林冲。青面汉，你却是谁？愿通姓名。"那汉道："洒家是三代将门之后，五侯杨令公之孙，姓杨名志。流落在此关西。年纪小时，曾应过武举，做到殿司制使官。道君因盖万岁山，差一般十个制使，去太湖边搬运花石纲赴京交纳。不想洒家时乖运蹇，押着那花石纲来到黄河里，遭风打翻了船，失陷了花石纲，不能回京赴任，逃去他处避难。如今赦了俺们罪犯。洒家今来收得一担儿钱物，待回东京，去枢密院使用，再理会本身的勾当。打从这里经过，雇倩庄家挑那担儿，不想被你们夺了。可把来还洒家如何？"王伦道："你莫不是绰号唤青面兽的？"杨志道："洒家便是。"王伦道："既然是杨制使，就请到山寨吃三杯水酒，纳还行李如何？"杨志道："好汉既然认得洒家，便还了俺行李，更强似请吃酒。"王伦道："制使，小可数年前到东京应武举时，便闻制使大名，今日幸得相见，如何教你空去？且请到山寨少叙片时，并无他意。"

　　杨志听说了，只得跟了王伦一行人等，过了河，上山寨来。就叫朱贵同上山寨相会，都来到寨中聚义厅上。左边一代四把交椅，却是王伦、杜迁、宋万、朱贵；右边一代两把交椅，上首杨志，下首林冲，都坐定了。

王伦叫杀羊置酒，安排筵宴管待杨志，不在话下。

话休絮烦。酒至数杯，王伦指着林冲对杨志道："这个兄弟，他是东京八十万禁军教头，唤做豹子头林冲。因这高太尉那厮安不得好人，把他寻事刺配沧州。那里又犯了事，如今也新到这里。却才制使要上东京干勾当，不是王伦纠合制使，小可兀自弃文就武，来此落草。制使又是有罪的人，虽经赦宥，难复前职。亦且高俅那厮见掌军权，他如何肯容你？不如只就小寨歇马，大秤分金银，大碗吃酒肉，同做好汉。不知制使心下主意若何？"杨志答道："重蒙众头领如此带携，只是洒家有个亲眷，见在东京居住。前者官事连累了他，不曾酬谢得他，今日欲要投那里走一遭。望众头领还了洒家行李。如不肯还，杨志空手也去了。"王伦笑道："既是制使不肯在此，如何敢勒逼入伙？且请宽心住一宵，明日早行。"杨志大喜。当日饮酒到二更方散，各自去歇息了。次日早起来，又置酒与杨志送行。吃了早饭，众头领叫一个小喽罗把昨夜担儿挑了，一齐都送下山来，到路口与杨志作别。教小喽罗渡河，送出大路。众人相别了，自回山寨。王伦自此方才肯教林冲坐第四位，朱贵坐第五位。从此，五个好汉在梁山泊打家劫舍，不在话下。

规律分析：理想和现实如何平衡

杨志很坚决，同时又很委婉地拒绝了王伦的入伙邀请。他在职业选择上，目标很清晰，就是一定要回东京汴梁，继续做自己的制使军官。其他别的任何机会、任何诱惑都不会让他动心。

杨志这种人在职场上就属于非常清楚"我是谁"的那种人。为什么有人在面临选择的时候，目标会这么清晰而且能禁得住诱惑呢？原因有两个：第一是理想信念很清晰，第二是对现实情况比较有把握。

心理学研究发现，人的内部世界存在三个自我：理想自我、现实自我和应该自我。理想自我是人们想要变成的样子，与兴趣爱好、价值观有关；现实自我是人们现在的样子；应该自我是人们应该成为的样子，和社会现实还有周围人的态度有关。所谓职业选择，其实就是在理想自我和应该自我之间找一个平衡点。

举个例子，假设现在你毕业了，准备留在北京自己创业，这是你的理想自我。你做一家电子商务的网站，就在你要大展拳脚的时候，妈妈从老家打来电话，说她帮你联系了一份事业单位的工作，让你回老家，报到上班。妈妈劝你：创业风险大，咱家小门小户没有资源、背景，也没有钱，在北京挤在宿舍里，奋斗十年也许连房子都买不上。回来咱家，房价才四千元一平米，我和你爸帮你买房子，你上班，我在家做饭，下班就吃饭，没事去湖边散散步，找个知根知底的女朋友，把婚一结，等你们有了孩子，我还可以帮你们看孩子，你们小两口没那么辛苦，连保姆费都省了。

请问，面对心中的理想，还有老妈的劝说，你怎么选择？父母帮助联系的工作，你是去还是不去？在创业冒险和安稳生活之间怎么选，我相信大家都有各自的答案，仁者见仁，智者见智。我觉得，所谓美好人生就是理想自我和应该自我差距不大，想做的正好也是该做的，生活于是变得非常简单。从现实自我出发，朝着理想自我和应该自我奋勇前进，那感觉完全就是朝着太阳奔跑，走在希望的田野上。

可问题是，往往一个人的应该自我和理想自我是不一样的。你想创业，家里人劝你找个稳定的工作；你觉得外面的世界很精彩，可是朋友的亲身经历向你证明了外面的世界很无奈；你正觉得世界很大，想出去看看风景，你妈却喊你回家吃饭。这就是矛盾和困惑所在，那怎么平衡理想与现实呢？我觉得人是要追求自己的理想的，但是必须考虑三个条件。

条件一：一定要做自己擅长的有前途的事情。韩信搞后勤，刘邦守城市，张良不做战略非要带着敢死队去冲锋，这都不是奋斗，这是找死。

条件二：一定要有匹配的资源。台风来的时候，猪确实能飞起来，可是我的导师告诉我，猪飞之前要确认自己有没有翅膀。如果没长翅膀就飞

起来，将来说不定会摔在什么地方，飞得越高，摔得越惨。今天的美妙就是明天的悲惨，用俗语形容就是"掀翻茶几看地面，那是遍地'杯具'（悲剧）"。

条件三：一定要有可靠的身边人。没有悟空、八戒、沙和尚，三藏西天取经，那就是给妖精送外卖去了。

我们来看杨志的职业生涯，他为什么在遭遇挫折之后，依然坚持理想，还想回去继续投军？因为他三个条件都具备。

首先，他一身好武艺，做的是自己擅长的有前途的事情；其次，他是杨门之后，将门虎子，有资源有平台；最后，他备了金银找了关系，聚了一拨身边人，遇到高人谈理想，遇到俗人给银子，他都准备好了。所以杨志的心很坚定，他坚持自己的职业选择。

尽管杨志这么有信心，但是实际情况却没有那么美好。他这次回东京的求职旅程非常艰辛，可以说是一败涂地，搭上了所有的本钱，却在面试的最后一轮被淘汰了。杨志的出路在哪里呢？我们来看一看杨志求职失败背后的三个规律。

规律一：面对挫折，不否定别人也不否定自己，把调整放到第一位

那杨志入得城来，寻个客店安歇下。庄客交还担儿，与了些银两，自回去了。杨志到店中放下行李，解了腰刀、朴刀，叫店小二将些碎银子买些酒肉吃了。过数日，央人来枢密院打点理会本等的勾当。将出那担儿内金银财物，买上告下，再要捕殿司府制使职役。把许多东西都使尽了，方才得申文书，引去见殿帅高太尉。来到厅前，那高俅把从前历事文书都看了，大怒道："既是你等十个制使去运花石纲，九个回到京师交纳了，偏你这厮把花石纲失陷了，又不来首告，倒又在逃，许多时捉拿不着。今日再要勾当，虽经赦宥所犯罪名，难以委用。"把文书一笔都批倒了，将杨志赶出殿司府来。

　　求职失败，杨志落入了巨大的心理危机当中。

　　对于一个人来说，存在两个评价体系，一个是自我的内部评价，一个周围人的外部评价。当这两个评价系统的结果产生严重差异时，心理危机就会发生。举个例子，有一个同学在河北老家一直考第一名，以优异成绩考上清华大学。本来还想继续考第一，至少也是前三名，结果期中考试全班第30名，期末考试全班第33名，怎么办？

　　出路有三种：一是放弃，基本想法就是拉倒吧，学不好干脆再也不学了，风花雪月、唱歌聊天怎么着不是过啊。二是强化，我就不信我不行，努力努力再努力，每天睡三个小时，周末不休息，半年后得了神经衰弱。三是调整，重新评估形势，根据自己的实力，把目标调整为考第20名。结果期末考了第22名，重新看到了进步，看到了希望，一切又恢复了正常。所以俗话说，不怕坏学生考得好，就怕好学生考得坏。因为好学生自己对自己评价高、期待高，一旦外部评价降低，他是特别容易心理失控、动作变形的。

　　同样的问题也存在于找工作当中。在学校是校花、校草、班花、班草，成绩优异，表现突出，歌会上得奖，篮球场上明星，但是一旦进入社会，一切从头开始，投简历三十个没回音，面试第一轮就被淘汰。这样巨大的心理落差，是非常容易导致毕业生出现行为问题的。所以我们建议刚刚走出校门步入社会的大学生，尤其是在学校表现比较突出的大学生，一定要调整目标调整心态，不要好高骛远，要判断形势，听听师兄师姐们怎么说，做好脚踏实地从小事做起证明自己的心理准备。

　　我们来看看杨志在求职失败之后是什么反应。

　　杨志闷闷不已。回到客店中，思量："王伦劝俺，也见得是。只为洒家清白姓字，不肯将父母遗体来点污了。指望把一身本事，边庭上一枪一刀，博个封妻荫子，也与祖宗争口气。不想又吃这一闪！高太尉，你忒毒害，恁地克剥！"心中烦恼了一回，在客店里又住几日，盘缠都使尽了。

　　接下来杨志做了一个重大的决定，就是卖刀，拼凑些生活费用。这个

决定说明了杨志在求职的挫折面前，陷入自卑，产生了一定程度的心理危机。

为什么要下这样的结论呢？我们要从一个有趣的现象说起，这个现象叫自我延伸物品。

我们来看看，《水浒传》里花和尚鲁智深、九纹龙史进、浪子燕青，都有一身的文身。为什么有人会喜欢文身呢？其实这是一种心理需要。在人们的内部世界当中，存在的一个理想自我和一个现实自我，这二者之间往往有一定的差距。当理想自我和现实自我的差距大到一定程度的时候，人们的内心就会产生紧张和焦虑。有一种方法可以消除这种紧张和焦虑，就是使用一定的物品来进行自我延伸，消除理想自我和现实自我之间的差距。具有一定特殊性的物品，比如特殊情况、特殊图案、特殊功能等，都可以起到很好的自我延伸的作用。比如诸葛亮的扇子、贝克汉姆的文身、丘吉尔标志性的大号雪茄，这些都属于典型的自我延伸。有记者报道说，丘吉尔只要嘴上叼着雪茄，就会表现得幽默开朗自信，但是如果没有拿着雪茄，他就显得失魂落魄，很不在状态。

我们日常生活中还有一种现象叫护身符现象。各位注意观察一下，有人会戴手链，有人会挂一个小佛像。夏天公司白领女孩穿职业装，丝袜里脚踝那个地方都会露出一圈红绳，这都是护身符。护身符所起的其实就是自我延伸的作用，它让一个人在现实自我当中感觉到了延伸，更加接近理想自我的样子，获得了心理愉悦或心理安慰。有了这种愉悦和安慰，心理状态稳定了，现实表现有可能就会更好——戴了护身符的表现居然还真比没戴护身符的好，这种现象确实是自我延伸的妙处。

自我延伸物品有三个特性：独特性，与众不同，具有特殊使用价值或者历史文化价值；可见性，方便携带，方便展示；代表性，可以展示理想自我的某种特征。

自我延伸物品对保持一个人的自我肯定和自信是非常重要的，所以一定不会轻易放下，就像丘吉尔走哪儿都叼着雪茄，诸葛亮走哪儿都要拿扇子一样，不抽也叼着，不扇也拿着。

那什么情况下会把这些物品放弃呢？一个人只有在产生自我怀疑、彻底否定过去、决定改变的时候，才会选择放弃自我延伸物品。所以有人说，一个长头发的女生如果突然把头发剪短了，那她一定是遇到重大的生活事件，决定彻底改变自己了，这是有道理的。为什么有些女生剪发以后会觉得特别郁闷呢，其实也是这个原因。因为长发是自我延伸，理发师在没打招呼的情况下就给剪短了，这等于阻断了现实自我和理想自我之间的连接，打击了自我肯定系统，属于一次小规模的心理创伤。

现在大家明白了自我延伸物品的作用，那么回过头来我们说说杨志。大家猜猜杨志自我延伸的那个物品是什么，祖传宝刀啊！所以杨志卖刀，这个行为的性质就如同诸葛亮烧扇子，丘吉尔扔雪茄，隔壁班那个长发女生突然剪了毛寸。这只能说明一件事，即杨志心理产生了自我怀疑和自我否定，他准备放弃原来的自我。

规律二：遇到挑战，无论成败都勇于担当，重建自尊心

当日将了宝刀，插了草标儿，上市去卖。走到马行街内，立了两个时辰，并无一个人问。

将立到晌午时分，转来到天汉州桥热闹处去卖。杨志立未久，只见两边的人都跑入河下巷内去躲。杨志看时，只见都乱窜，口里说道："快躲了，大虫来也。"杨志道："好作怪！这等一片锦城池，却那得大虫来？"当下立住脚看时，只见远远地黑凛凛一大汉，吃得半醉，一步一撷撞将来。杨志看那人时，形貌生得粗丑……

原来这人，是京师有名的破落户泼皮，叫做没毛大虫牛二，专在街上撒泼行凶撞闹。连为几头官司，开封府也治他不下，以此满城人见那厮来都躲了。却说牛二抢到杨志面前，就手里把那口宝刀扯将出来，问道："汉子，你这刀要卖几钱？"杨志道："祖上留下宝刀，要卖三千贯。"牛

二喝道："甚么鸟刀，要卖许多钱！我三百文买一把，也切得肉，切得豆腐。你的鸟刀有甚好处，叫做宝刀？"杨志道："洒家的须不是店上卖的白铁刀，这是宝刀。"牛二道："怎地唤做宝刀？"杨志道："第一件砍铜剁铁，刀口不卷；第二件吹毛得过；第三件杀人刀上没血。"牛二道："你敢剁铜铁么？"杨志道："你便将来，剁与你看。"牛二便去州桥下香椒铺里，讨了二十文当三钱，一垛儿将来，放在州桥阑干上，叫杨志道："汉子，你若剁得开时，我还你三千贯。"那时看的人虽然不敢近前，向远远地围住了望。杨志道："这个直得甚么！"把衣袖卷起，拿刀在手，看的较胜，只一刀，把铜钱剁做两半。众人都喝采。牛二道："喝甚么鸟采！你且说第二件是甚么？"杨志道："吹毛过得。就把几根头发望刀口上只一吹，齐齐都断。"牛二道："我不信。"自把头上拔下一把头发，递与杨志："你且吹我看。"杨志左手接过头发，照着刀口上尽气力一吹，那头发都做两段，纷纷飘下地来。众人喝采，看的人越多了。牛二又问："第三件是甚么？"杨志道："杀人刀上没血。"牛二道："怎地杀人刀上没血？"杨志道："把人一刀砍了，并无血痕，只是个快。"牛二道："我不信，你把刀来剁一个人我看。"杨志道："禁城之中，如何敢杀人？你不信时，取一只狗来，杀与你看。"牛二道："你说杀人，不曾说杀狗。"杨志道："你不买便罢，只管缠人做甚么！"牛二道："你将来我看。"杨志道："你只顾没了当！洒家又不是你撩拨的。"牛二道："你敢杀我？"杨志道："和你往日无冤，昔日无仇，一物不成，两物见在。没来由杀你做甚么？"牛二紧揪住杨志说道："我鳖鸟买你这口刀。"杨志道："你要买，将钱来。"牛二道："我没钱。"杨志道："你没钱，揪住洒家怎地？"牛二道："我要你这口刀。"杨志道："俺不与你。"牛二道："你好男子，剁我一刀。"杨志大怒，把牛二推了一跤。牛二扒将起来，钻入杨志怀里。杨志叫道："街坊邻舍都是证见。杨志无盘缠，自卖这口刀。这个泼皮强夺洒家的刀，又把俺打。"街坊人都怕这牛二，谁敢向前来劝。牛二喝道："你说我打你，便打杀直甚么！"口里说，一面挥起右手，一拳打来。杨志霍地躲过，拿着刀抢入来。一时性起，望牛二颡根上搠个着，扑地倒了。杨志赶入去，把牛二胸脯上又连搠了两刀，血流满地，死在地上。

杨志叫道："洒家杀死这个泼皮，怎肯连累你们！泼皮既已死了，你们都来同洒家去官府里出首。"坊隅众人慌忙拢来，随同杨志，径投开封府出首。正值府尹坐衙。杨志拿着刀，和地方邻舍众人，都上厅来，一齐跪下，把刀放面前。杨志告道："小人原是殿司制使，为因失陷花石纲，削去本身职役，无有盘缠，将这口刀在街货卖。不期被个泼皮破落户牛二，强夺小人的刀，又用拳打小人，因此一时性起，将那人杀死。众邻舍都是证见。"

可以说，杨志杀了牛二，牛二却拯救了杨志。卖刀的时候，杨志正处于人生最低谷的时候，由于费尽人力、物力、财力却求职不成功，杨志的自尊心和自信心都受到了极大的打击，希望破灭，尊严被毁，最后到了要把身份的象征、家族荣誉的标志——家传宝刀卖掉的程度。可以这样设想，如果杨志卖刀成功了，他的人生可能就此急转直下，最后也就没法成就一番英雄事业了。恰在此时来了一个泼皮牛二，他胡搅蛮缠使用无奈的手段要夺宝刀，还羞辱杨志，一下激发了杨志的血性，当场手刃泼皮，为民除害。而且更显英雄气概的是，杨志杀完人以后，好汉做事好汉当，直接到官府投案。从展示宝刀，为民除害，到主动投案不连累乡亲，杨志光明磊落的英雄行为博得了百姓的交口称赞，也受到了官府里官员书吏的敬佩。

在众人的钦佩与崇敬当中，杨志连日来由于求职失败被困旅店带来的心理阴影都一扫而光，他重新找回了自尊心，找回了大英雄的感觉。

人生难免遇到不如意的事情，我相信读者中有很多人也像杨志一样有过求职挫折的经历，投了三十份简历，连续九次面试失败。每当遭受打击，心里肯定会有巨大的失落，自信心、自尊心都会面临很大的挑战。在艰难的时刻，如何走出心理的泥潭呢？方法很简单，就是一定要做一些让

自己觉得光荣的事情，勇于担当，真诚奉献，帮助弱者，往往一两件这样的事情，就会重新点燃希望之火，启动内心的力量。

为民除害的英雄当然是受到尊重和照顾的，官府判了杨志流放北京大名府充军。天汉州桥那几个大户，科敛些银两钱物，等候杨志到来，请他两个公人一同到酒店里吃了些酒食，把出银两赍发两位防送公人，说道："念杨志是个好汉，与民除害。今去北京路途中，望乞二位上下照觑，好生看他一看。"张龙、赵虎道："我两个也知他是好汉，亦不必你众位分付，但请放心。"杨志谢了众人，一路往北京大名府而来。这一次，杨志的生活终于等到了转机。

规律三：面临机遇，要正确看待自己的不足

话里只说杨志同两个公人来到原下的客店里，算还了房钱饭钱，取了原寄的衣服行李，安排些酒食，请了两个公人，寻医生赎了几个杖疮的膏药贴了棒疮，便同两个公人上路，三个望北京进发。五里单牌，十里双牌，逢州过县，买些酒肉，不时间请张龙、赵虎吃。三个在路，夜宿旅馆，晓行驿道，不数日来到北京。入得城中，寻个客店安下。原来北京大名府留守司，上马管军，下马管民，最有权势。那留守唤做梁中书，讳世杰，他是东京当朝太师蔡京的女婿。当日是二月初九日，留守升厅。两个公人解杨志到留守司厅前，呈上开封府公文。梁中书看了。原在东京时也曾认得杨志，当下一见了，备问情由。杨志便把高太尉不容复职，使尽钱财，将宝刀货卖，因而杀死牛二的实情，通前一一告禀了。梁中书听得，大喜。当厅就开了枷，留在厅前听用。押了批回与两个公人，自回东京，不在话下。

只说杨志自在梁中书府中，早晚殷勤，听候使唤。梁中书见他勤谨，有心要抬举他，欲要迁他做个军中副牌，月支一分请受。只恐众人不伏，因此传下号令，教军政司告示大小诸将人员，来日都要出东郭门教场中去

演武试艺。

杨志摩拳擦掌准备大显身手，抓住机遇实现自己的理想。

其实，杨志本身有很多不利条件，比如说罪犯的身份，比如说在本地没有人际关系、缺乏支持者，还有就是自己相貌也不出众，脸上有巨大的青色胎记，颜值非常低。诸多不利条件，都没有影响杨志的自信和热情。这说明青面兽杨志是一个真正的英雄好汉，关键时刻心理素质过关。

相反，大家注意一下，我们身边有些人，一到面临机遇的时候，就前怕狼后怕虎，患得患失，眼睛光盯着自己的缺点和不足，感觉自己这也不行那些不行，最后自信心崩溃，还没奋斗呢，就惨遭淘汰。

所以，我们每个人都要有一个积极的心态来面对自己的缺点和不足。

说到积极心态的问题，我会给大家几个基本的建议。在这里，先请大家思考一个小问题——青面兽杨志面貌丑陋，但是他为什么不为长相自卑。

我们身边有些人特别在乎自己的长相。这样的人一般有两个特点：第一是，装着美颜相机没事就自拍；第二就是，路边只要有镜子，一定要上去照照。很多人一张嘴都是这样的说法，人家长相好看，一定受欢迎的，看我这长相肯定没机会。其实，这样的人都是属于过度在乎自己缺点和不足的人。

一个人应该如何看待自己的缺点和不足呢？我给大家推荐一个著名的心理学实验：疤痕实验。

心理学家们征集了十名志愿者，请他们参加一个名为"疤痕实验"的心理研究活动。十名志愿者被分别安排在十个没有任何镜子的房间里，并被详细告知了此次研究的方法：他们将通过以假乱真的化装，变成一个面部有疤痕的丑陋的人，然后在指定的地方观察和感受不同的陌生人对自己产生怎样的反应。

心理学家们请电影化妆师在每位志愿者左脸颊上精心地涂抹上逼真的鲜血和令人生厌的疤痕，然后用随身携带的小镜子使每位志愿者都看到自

己脸上的疤痕。当志愿者们在心中记下自己可怕的"尊容"后，心理学家收走了镜子。之后，心理学家告诉每一位志愿者，为了让疤痕更逼真、更持久，他们需要在疤痕上再涂抹一些粉末。事实上，心理学家并没有在疤痕上涂抹任何粉末，而是用湿棉纱把化妆出来的假疤痕和血迹彻底擦干净了。然而，每一位志愿者却依然相信，在自己的脸上有一大块让人望而生厌的伤疤。

志愿者们被分别带到了各大医院的候诊室，装扮成急切等待医生治疗面部疤痕的患者。候诊室里，人来人往，全都是素昧平生的陌生人，志愿者们在这里可以充分观察和感受人们的种种反应。实验结束后，志愿者们各自向心理学家陈述了感受。

他们的感受出奇地一致。志愿者A说："候诊室里那个胖女人最讨厌，一进门就对我露出鄙夷的目光。她都没看看她自己，那么胖，那么丑！"志愿者B说："现在的人真是缺乏同情心。本来有一个中年男子和我坐在同一个沙发上的，没一会儿，他就赶紧拍屁股走开了。我脸上不就是有一块疤吗，至于像躲避瘟神一样躲着我吗？这样的人，可恶得很！"志愿者C说："我见到的陌生人中，有两个年轻女人给我的印象特别深。她们穿着非常讲究，像是有知识、有修养的白领，可是我却发现，她们俩一直在私下嘲笑我！如果换成两个小伙子，我一定将他们痛揍一顿！"志愿者们滔滔不绝，义愤填膺地诉说了诸多令自己愤慨的感受。他们普遍认为，众多的陌生人，对面目可憎的自己都非常厌恶、缺乏善意，而且眼睛总是很无礼地盯着自己的伤疤。

这一实验结果，使得早有准备的心理学家们吃惊不小：人们关于自身错误的、片面的认识，竟然如此深刻地影响和改变他们对外界的感知。如我们所知，他们的脸上是干干净净的，没有丝毫的疤痕。之所以产生这样的感受，是因为他们将"疤痕"牢牢地装在了心里。正是由于心中的"疤痕"在频频作怪，才使得他们自己的言行、对陌生人的感受与以往大为迥异。

　　事实上，我们每个人心中，纵然没有心理学家为我们设置的"疤痕"，但或多或少都会有一些"疤痕"。可怕的是，这些心中的"疤痕"都会通过自己对外界和他人的言行，毫无遮掩地展现出来。比如，如果我们认为自己不够可爱甚至令人生厌，认为自己卑微无用，认定自己有种缺陷……那么我们在与外界交往中，一定会在不知不觉间用我们的言行反复进行佐证，直到让每个人都认定我们确实就是那样的一个人。

　　这个心理实验真切地告诉我们：一个健康、积极的心态对人生何其重要。

　　疤痕实验告诉我们三件事：一是，你以为别人会怎么对待你，别人就会怎么对待你；二是，如果只盯着缺点不放，你所有的优点都会被掩盖；三是，只有你自己喜欢自己了，全世界才会喜欢你。

　　杨志就是这样想的，他从来不为自己相貌的缺点自卑，也不为自己的不足而遗憾，他想的是如何发挥自己的优点，在自己擅长的领域大有作为。这就是英雄的自信心。我非常喜欢作家三毛说的一句话：自信就是美！心理学也一再提醒我们，自信的人才会成功。所以我再一次提醒刚刚步入社会的年轻人，一定要正确看待自己的缺点和不足，以积极的心态面对生活的考验。

　　当晚，梁中书唤杨志到厅前。梁中书道："我有心要抬举你做个军中副牌，月支一分请受，只不知你武艺如何？"杨志禀道："小人应过武举出身，曾做殿司府制使职役，这十八般武艺，自小习学。今日蒙恩相抬举，如拨云见日一般。杨志若得寸进，当效衔环背鞍之报。"梁中书大喜，赐与一副衣甲。当夜无事。有诗为证：

　　　　杨志英雄伟丈夫，卖刀市上杀无徒。

　　　　却教罪配幽燕地，演武场中敌手无。

　　那么究竟杨志比武结果如何呢？我们下一讲接着说。

第十三讲

破格提拔须服众

杨志刺配大名府，可以说算是因祸得福，他遇到了大名府留守司长官梁世杰。梁世杰以前就认识杨志，对杨志的人品武艺都十分了解，所以他准备破格提拔杨志。

中国历史上有很多破格提拔的例子，刘邦任命韩信为大将军，周文王拜姜子牙为相，刘备三顾茅庐请诸葛亮出山，这些都属于破格提拔，在当时产生了积极的影响，被后人传为佳话。但是破格提拔也容易遭人质疑，因为"破格"这两个字往往会成为走后门、拉关系的借口，成为用人腐败的温床。

所以破格提拔一个人不容易，破格可以，但是要破得有理有据，破得让人心服口服。破格不能出格，破格不能破相。梁中书要破格提拔杨志，又怕手下人不服气，所以要想办法让大家都心服口服。那么他用了什么方法呢？我们来看一看。

🦋 细节场面：搭台比武

时当二月中旬，正值风和日暖。梁中书早饭已罢，带领杨志上马，前遮后拥，往东郭门来。到得教场中，大小军卒并许多官员接见，就演武厅前下马。到厅上，正面撒下一把浑银交椅坐下。左右两边齐臻臻地排着两行官员：指挥使、团练使、正制使、统领使、牙将、校尉、副牌军。前后周围恶狠狠地列着百员将校。正将台上立着两个都监：一个唤做李天王李成，一个唤做闻大刀闻达。二人皆有万夫不当之勇，统领着许多军马，一齐都来朝着梁中书呼三声喏。却早将台上竖起一面黄旗来。将台两边，左右列着三五十对金鼓手，一齐发起擂来。品了三通画角，发了三通擂鼓，教场里面谁敢高声？又见将台上竖起一面净平旗来，前后五军一齐整肃。将台上把一面引军红旗磨动，只见鼓声响处，五百军列成两阵，军士各执器械在手。将台上又把白旗招动，两阵马军齐齐地都立在面前，各把马勒住。

梁中书传下令来，叫唤副牌军周谨向前听令。右阵里周谨听得呼唤，跃马到厅前，跳下马，插了枪，暴雷也似声个大喏。梁中书道："着副牌军施逞本身武艺。"周谨得了将令，绰枪上马，在演武厅前左盘右旋，右盘左旋，将身中枪使了几路。众人喝采。梁中书道："叫东京对拨来的军健杨志。"杨志转过厅前，唱个大喏。梁中书道："杨志，我知你原是东京殿司府制使军官，犯罪配来此间，即日盗贼猖狂，国家用人之际，你敢与周谨比试武艺高低？如若赢时，便迁你充其职役。"杨志道："若蒙恩相差遣，安敢有违钧旨。"梁中书叫取一匹战马来，教甲仗库随行官吏应付军器。教杨志披挂上马，与周谨比试。杨志去厅后把夜来衣甲穿了，拴束罢，带了头盔、弓箭、腰刀，手拿长枪上马，从厅后跑将出来。梁中书看了道："着杨志与周谨先比枪。"周谨怒道："这个贼配军，敢来与我交枪！"

🎐 规律分析：无精彩展示，不破格提拔

《水浒传》的这段描写给我们提供了两个信息。

（1）时间信息。杨志是二月初九到达大名府见到梁中书的，比武安排在二月十五，比武结束当场就把杨志从配军提拔为副牌军了。一个星期不到就提拔了，这样的干部提拔方式现在有一个名词叫火箭提拔。

（2）身份信息。就像周瑾在比武时所说，杨志是一个罪人，贼配军，众人的眼睛里他根本不够资格参加比武。但是你看梁中书是怎么当众介绍杨志的——梁中书道"叫东京对拨来的军健杨志"，并没有提说是配军罪人，而是轻描淡写说是对拨来的军键，一下杨志就有了正常人的身份。接着等杨志转过厅前，唱个大喏之后，梁中书道："杨志，我知你原是东京殿司府制使军官。"你看，当中还要亮出杨志过去的身份，告诉众人杨志并不是寻常人等。接着梁中书就给杨志提供机会："国家用人之际。你敢与周谨比试武艺高低？如若赢时，便迁你充其职役。"你看看，真是当场职业生涯规划，眨眼就提拔，一上马一下马，就从阶下因变成人上人。

从所有的信息当中，我们都能得出一个结论，梁中书急于破格提拔杨志。

其实，说到破格提拔，论资历、论能力，杨志都是具备的，完全符合破格提拔的条件。一句话，杨志够格！

现在我们来思考一个问题，既然梁中书有迫切提拔的愿望，杨志又够格，那么直接提拔不就成了，为什么还要劳心费神大动干戈，组织一个比武大会呢？其实，这就是梁中书作为一个领导的精明之处，也是我们很多领导在破格提拔手下年轻人的时候容易忽略的地方。

梁中书发现光够条件还不行，必须让众人心服口服，所以他要组织一个比武大会，让杨志当众展示，让众人亲眼见证他的能力。

破格提拔的基本规律是：领导有意愿，本人够条件，群众要看见。在提拔年轻人之前，先提供一个机会让他当众亮相，展示才能，增加知名度和美誉度，让他获得足够的认可，然后再提拔，这样的方式叫露脸提拔。

文王渭水访姜子牙，请姜子牙出山。周文王亲自拉车，让姜子牙坐车，拉了一百零八步。为什么要当众来一个"拉车秀"的活动？在破格重用姜子牙之前，要安排一个"吸引眼球"的展示环节，这就是先露脸再提拔。

阳平关大胜之后，刘备要提拔一个人做汉中太守，大家都以为是张飞，可是刘备准备破格提拔魏延。刘备不是开个会研究一下就提拔了，而是摆开酒宴大会群臣，文武都到齐了，在酒席宴间当众问魏延几个问题，再称颂一下他的功劳，然后才宣布任命决定。这也是露脸提拔的方式。

年轻干部提拔快了，往往难以服众，容易遭受质疑。这样的问题怎么解决呢？首先当事人需要有一颗平常心，好好把工作做好，用实力说话。另外，提拔干部的上级领导把工作做得更充分一些，注意展示问题，把前期工作做充分，不要忽视"露脸提拔"的基本规律，在提拔年轻干部的时候，要考虑到服众的问题，帮助年轻人搭建展示的平台，让他们获得更多的认可和支持。

在这方面，梁中书做得不错，虽然在《水浒传》当中他是个反面人物，但是他在破格提拔年轻干部方面，给我们做了一个很好的示范。破格提拔年轻人的时候，我们都得学学梁中书。

那么，梁中书为什么非要提拔青面兽杨志呢？难道是他对脸上长胎记的人情有独钟，就喜欢这个类型的吗？什么原因令老谋深算的梁中书这么迫切地要提拔孤苦无依、正走衰运、颜值不高的青面兽杨志呢？这就是梁中书用人的第一招，锦上添花不如雪中送炭，提拔身处逆境的人，他会更珍惜机会，更懂得感恩。

策略一：顺用得势，逆用得人，善于提拔逆境中的人才

一个人顺风顺水名扬天下的时候，你提拔他重用他，确实可以借他的声势，用他的才华，但是也存在一个问题：他会觉得顺理成章，一切都是我该得到的，你不给我机会，别人也会给我机会的。这时候，他的满意度和忠诚度都没那么高。

相反，当一个人处于逆境走麦城的时候，你提拔他、重用他，他会觉得机会难得，没有这个领导我就完了。这个时候他就会分外感恩、分外珍惜。

做个比喻，一个人吃满汉全席的时候，你给上一道烤鸭，人家最多点点头说不错而已；一个人饿得奄奄一息，你给上一碗粥、一个咸鸭蛋，人家会感恩一辈子。所以用人的规律是：

智慧箴言

顺用得势，逆用得人，提拔处于顺境的人，可以扩大优势、制造声势，把要办的事办好；重用处于逆境的人，可以强化感情，获得感恩，培养出忠诚可靠的班底骨干。

我们看前文，两个公人解杨志到留守司厅前，呈上开封府公文。梁中书看了，原在东京时也曾认得杨志，当下一见了，备问情由。杨志便把高太尉不容复职，使尽钱财，将宝刀货卖，因而杀死牛二的实情，通前一一告禀了。梁中书听得，大喜。当厅就开了枷，留在厅前听用。押了批回与两个公人，自回东京，不在话下。

梁中书为什么大喜？一个英雄好汉正处于逆境当中，这是千载难逢的联络感情的好机会啊！所以当梁中书把一番想法告诉杨志的时候，杨志感激涕零，当场表态。

当晚，梁中书唤杨志到厅前。梁中书道："我有心要抬举你做个军中副牌，月支一分请受，只不知你武艺如何？"杨志禀道："小人应过武举出身，曾做殿司府制使职役，这十八般武艺，自小习学。今日蒙恩相抬举，如拨云见日一般。杨志若得寸进，当效衔环背鞍之报。"

看字面的意思，衔环背鞍就是当牛做马，力图报答。除了字面意思，这里边的"衔环"还有典故。

🌙 "衔环"的典故

"衔环"的典故见于《后汉书·杨震传》中的注引《续齐谐记》，杨震父亲杨宝九岁时，在华阴山北，见一黄雀为老鹰所伤，坠落在树下，为蝼蚁所困。杨宝怜之，就将它带回家，放在巾箱中，只给它喂饲黄花。百日之后的一天，黄雀羽毛丰满，就飞走了。当夜，有一黄衣童子向杨宝拜谢说："我是西王母的使者，君仁爱救拯，实感成济。"并以白环四枚赠予杨宝，说："它可保佑君的子孙位列三公，为政清廉，处世行事像这玉环一样洁白无瑕。"

果如黄衣童子所言，杨宝的儿子杨震、孙子杨秉、曾孙杨赐、玄孙杨彪四代都官至太尉，而且都刚正不阿、为政清廉，他们的美德为后人所传诵。"黄雀衔环"这个成语便由此而来。

现在杨志和梁中书已经达成了默契，一个要极力成全，一个要尽心表现。梁中书选中的比武对象就是手下新提拔的一个副牌军，名叫周谨。他先让周谨展示武艺，然后安排杨志和周谨比武，约定赢的人担任副牌军的职位。

这就是梁中书用人的第二招，公开比试，把定点提拔变为岗位竞聘。

策略二：公开比试，把定点提拔变为岗位竞聘

话说当时周谨、杨志两个勒马在于旗下，正欲出战交锋。只见兵马都监闻达喝道："且住！"自上厅来禀复梁中书道："复恩相：论这两个比试武艺，虽然未见本事高低，枪刀本是无情之物，只宜杀贼剿寇。今日军中自家比试，恐有伤损，轻则残疾，重则致命，此乃于军不利。可将两根枪去了枪头，各用毡片包裹，地下蘸了石灰，再各上马，都与皂衫穿着。但是枪尖厮搠，如白点多者当输。此理如何？"梁中书道："言之极当。"随

即传令下去。两个领了言语，向这演武厅后去了枪尖，都用毡片包了，缚成骨朵。身上各换了皂衫；各用枪去石灰桶里蘸了石灰；再各上马，出到阵前。杨志横枪立马看那周谨时，果是弓马熟闲。怎生结束？头戴皮盔，皂衫笼着一副熟铜甲，下穿一对战靴，系一条绯红包肚，骑一匹鹅黄马。那周谨跃马挺枪直取杨志，这杨志也拍战马捻手中枪来战周谨。两个在阵前来来往往，翻翻复复，搅做一团，扭做一块。鞍上人斗人，坐下马斗马。两个斗了四五十合。看周谨时，恰似打翻了豆腐的，斑斑点点，约有三五十处。看杨志时，只有左肩胛上一点白。梁中书大喜，叫唤周谨上厅看了迹，道："前官参你做个军中副牌，量你这般武艺，如何南征北讨，怎生做的正请受的副牌？"教杨志替此人职役。

梁中书没有想到，周谨是打败了，但是帮他说话的人有很多。管军兵马都监李成上厅禀复梁中书道："周谨枪法生疏，弓马熟闲。不争把他来逐了职事，恐怕慢了军心。再教周谨与杨志比箭如何？"本来梁中书对杨志的武艺就有一番了解，等到打败了周谨之后，梁中书对杨志的武艺已经是非常有把握了。既然有人提出继续比试，梁中书索性来一个顺水推舟，让杨志把本领都发挥出来。

梁中书道："言之极当。"再传下将令来，叫杨志与周谨比箭。两个得了将令，都扎了枪，各关了弓箭。杨志就弓袋内取出那张弓来，扣得端正，擎了弓，跳上马，跑到厅前，立在马上，欠身禀复道："恩相，弓箭发处，事不容情，恐有伤损。乞请钧旨。"梁中书道："武夫比试，何虑伤残，但有本事，射死勿论。"杨志得令，回到阵前。李成传下言语，叫两个比箭好汉各关与一面遮箭牌，防护身体。

在人们的日常交往中，往往会出现一种小圈子的现象。圈内的人，互相之间往往要帮助、成全、保护，而对圈外的人，则经常采取的是防范、排斥、打击。在提拔年轻人和外来干部的时候，要特别注意这种小圈子现象的干扰。

杨志就是一个外来户，在大名府人生地不熟，他明显就是一个圈外人；而周谨有根有底，属于圈内人，所以大名府的武将们肯定会保护周谨。李成很明显代表了圈子成员的意见，明里是打着稳定军心的旗号，其实是保护周谨排斥杨志。

梁中书对此是早有准备的。既然要展示，那就必须做到让众人心服口服，所以此时他放手让杨志亮出自己的本事。

当时将台上早把青旗磨动。杨志拍马望南边去。周谨纵马赶来，将缰绳搭在马鞍鞯上，左手拿着弓，右手搭上箭，拽得满满地，望杨志后心飕地一箭。杨志听得背后弓弦响，霍地一闪，去镫里藏身，那枝箭早射个空。周谨见一箭射不着，却早慌了。再去壶中急取第二枝箭来，搭上弓弦，觑的杨志较亲，望后心再射一箭。杨志听得第二枝箭来，却不去镫里藏身。那枝箭风也似来，杨志那时也取弓在手，用弓稍只一拨，那枝箭滴溜溜拨下草地里去了。周谨见第二枝箭又射不着，心里越慌。杨志的马早跑到场尽头。霍地把马一兜，那马便转身望正厅上走回来。周谨也把马只一勒，那马也跑回，就势里赶将来去。去那绿茸茸芳草地上，八个马蹄翻盏撒钹相似，勃喇喇地风团儿也似般走。周谨再取第三枝箭，搭在弓弦上，扣得满满地，尽平生气力，眼睁睁地看着杨志后心窝上，只一箭射将来。杨志听得弓弦响，扭回身，就鞍上把那枝箭只一绰，绰在手里，便纵马入演武厅前，撇下周谨的箭。

梁中书见了大喜。传下号令，却叫杨志也射周谨三箭。将台上又把青旗磨动。周谨撇了弓箭，拿了防牌在手，拍马望南而走。杨志在马上把腰只一纵，略将脚一拍，那马勃喇喇的便赶。杨志先把弓虚扯一扯。周谨在马上听得脑后弓弦响，扭转身来，便把防牌来迎，却早接个空。周谨寻思道："那厮只会使枪，不会射箭。等我待他第二枝箭再虚诈时，我便喝住了他，便算我赢了。"周谨的马早到教场南尽头，那马便转望演武厅来。杨志的马见周谨马跑转来，那马也便回身。杨志早去壶中掣出一枝箭来，搭在弓弦上。心里想道："射中他后心窝，必至伤了他性命。他和我又没冤仇，洒家只射他不致命处便了。"左手如托泰山，右手如抱婴孩，弓开如满月，箭去似流星。说时迟，那时快，一箭正中周谨左肩。周谨措手不及，翻身落马。那匹空马直跑过演武厅背后去了。众军卒自去救那周谨去了。

杨志还是很冷静的，关键时刻没有下狠手害周谨性命。否则，肯定会得罪整个大名府的军官集团，以后他纵然是有梁中书的支持，恐怕也难以立足了。所以中国老百姓常说的一句话是：得饶人处且饶人，做事留一线，日后好相见。

很多年轻人仗着有背景有领导支持，事到临头不懂得让步，不懂得饶人，把事做绝把话说绝，最终没有把别人打垮，却把自己逼上了绝路。在为人处世的智慧上，我们是要向杨志学习的。

那么此时，杨志已经取得了两场胜利，一身好武艺，一副好心肠也是有目共睹的。那么是不是他就可以顺利得到提拔了呢？不是，就在梁中书要任命杨志的时候，现场又生枝节，梁中书叫军政司便呈文案来，教杨志截替了周谨职役。杨志喜气洋洋，下了马，便向厅前来拜谢恩相，充其职役。只见阶下左边转上一个人来，叫道："休要谢职！我和你两个比试。"所以大家看一个外来户，要想破格提拔那是很不容易的，必须做深入细致的前期工作。

这个场面其实也应该在梁中书的预料之中，他使用了用人的第三招。

策略三：创造机会，把单个选拔变成同类提拔

杨志看那人时，身材凛凛，七尺以上长短，面圆耳大，唇阔口方，腮边一部络腮胡须，威风凛凛，相貌堂堂，直到梁中书面前声了喏，禀道："周谨患病未痊，精神不在，因此误输与杨志。小将不才，愿与杨志比试武艺。如若小将折半点便宜与杨志，休教截替周谨，便教杨志替了小将职役，虽死而不怨。"梁中书看时，不是别人，却是大名府留守司正牌军索超。为是他性急，撮盐入火，为国家面上只要争气，当先厮杀，以此人都

叫他做急先锋。

李成听得，便下将台来，直到厅前禀复道："相公，这杨志既是殿司制使，必然好武艺。虽和周谨不是对手，正好与索正牌比试武艺，便见优劣。"

看看，这圈里的人看到外来户杨志逞英雄都按捺不住了。索超挺身而出，李成在一边帮腔。

梁中书听了，心中想道："我指望一力要抬举杨志，众将不伏。一发等他赢了索超，他们也死而无怨，却无话说。"梁中书随即唤杨志上厅，问道："你与索超比试武艺如何？"杨志禀道："恩相将令，安敢有违？"梁中书道："既然如此，你去厅后换了装束，好生披挂。"教甲仗库随行官吏，取应用军器给与，就叫："牵我的战马，借与杨志骑。小心在意，休觑得等闲。"杨志谢了，自去结束。

大家注意梁中书对杨志的态度，一是询问杨志，你与索超比试如何，二是让杨志骑了自己的战马。在别人都看不起杨志的时候，梁中书反其道而行之，对杨志格外关怀格外看重，这让杨志无比感动，暗下决心将来一定报答知遇之恩。

那边李成、索超也没闲着，却说李成分付索超道："你却难比别人，周谨是你徒弟，先自输了。你若有些疏失，吃他把大名府军官都看得轻了。我有一匹惯曾上阵的战马并一副披挂，都借与你。小心在意，休教折了锐气。"索超谢了，也自去结束。

杨志最关键的展示开始了。

中国人有一句话，是骡子是马拉出来遛遛。自己光说自己有本事不行，你得亮出几手来给大家看看。在历史上，有很多人因为不善于展示，关键时刻错过了机遇；当然也有不少人善于展示，关键时刻就抓住了机遇。

〰️陈子昂摔琴的故事

宋代尤袤《全唐诗话》中这么一则故事：唐初的诗人陈子昂

刚到长安，无名小卒，文坛不认。为了能在长安住下去，他想
了一个办法。有一天，闹市中有人卖胡琴，要价千金。围观的人
很多，大家都叹息，太贵了，太贵了。陈子昂不慌不忙地挤到前
面，扔下重金说，我买了。围观的众人惊诧不已，陈子昂说：
"我自幼善乐，此琴正派用处。"众人好奇，说能不能现场给我们
演奏一曲？陈子昂说，没问题，不过要等到明天，明天我到某酒
店开个人专场演唱会。大家的胃口被吊起来了，第二天纷纷如约
前往。座上酒菜全部备好，棋类也摆放好，全部免费。来的人很
多，陈子昂坐到主人席上，把千金之琴供于案前。酒过三巡，众
人热血沸腾。这个时候，陈子昂拿着琴站起来，朗声宣告："蜀
人陈子昂，有诗文百篇，奔走京华，碌碌尘土，不为人知。未料
今日竟以胡琴播名，可为一叹。然演乐之事乃贱工小技，何足君
辈瞩意！"说完，陈子昂愤然将胡琴掷地，顿作碎片。满怀期待
来听演奏的人，顿时放下酒杯，一时寂然无声。这个时候，陈子
昂趁机拿出自己印刷的诗集分别赠送各位，四座喧腾而起，争相
传阅。仅仅在一天之内，陈子昂名声大振。

所以大家看看，练就一身好本事不容易，让别人认可你这一身好本事
就更不容易。一个具备某种才能的人，要想进步就必须善于借势借力展示
自己，展示不是本质，但展示是关键。陈子昂没人帮助，自己唱独角戏；
杨志不一样，他有上级领导的坚定支持，唱的那是双簧，而且前边已经胜
了两阵。面对索超的挑战，杨志抖擞精神，准备亮几手绝艺，让在场的人
都见识见识杨家将的风采。

梁中书起身，走出阶前来。从人移转银交椅，直到月台栏干边放下。
梁中书坐定。左右祗候两行。唤打伞的撑开那把银葫芦顶茶褐罗三檐凉伞
来，盖定在梁中书背后。将台上传下将令，早把红旗招动。两边金鼓齐
鸣，发一通擂。去那教场中两阵内各放了个炮。炮响处，索超跑马入阵内

藏在门旗下。杨志也从阵里跑马入军中，直到门旗背后。将台上又把黄旗招动，又发了一通擂。两军齐呐一声喊。教场中谁敢做声，静荡荡的。再一声锣响，扯起净平白旗。两下众官没一个敢动，胡言说话，静静地立着。将台上又把青旗招动，只见第三通战鼓响处，去那左边阵内门旗下，看看分开。鸾铃响处，正牌军索超出马，直到阵前兜住马，拿军器在手，果是英雄。怎生打扮？但见：

头戴一顶熟铜狮子盔，脑后斗大来一颗红缨；身披一副铁叶攒成铠甲，腰系一条镀金兽面束带，前后两面青铜护心镜；上笼着一领绯红团花袍，上面垂两条绿绒缕领带；上穿一双斜皮气跨靴。左带一张弓，右悬一壶箭，手里横着一柄金蘸斧。坐下李都监那匹惯战能征雪白马……

右边阵内门旗下，看看分开。鸾铃响处，杨志提手中枪出马，直至阵前，勒住马，横着枪在手，果是勇猛。怎生结束？但见：

头戴一顶铺霜耀日镔铁盔，上撒着一把青缨；身穿一副钩嵌梅花榆叶甲，系一条红绒打就勒甲绦，前后兽面掩心；上笼着一领白罗生色花袍，垂着条紫绒飞带；脚登一双黄皮衬底靴。一张皮靶弓，数根凿子箭，手中挺着浑铁点钢枪。骑的是梁中书那匹火块赤千里嘶风马……

两边军将暗暗地喝采。虽不知武艺如何，先见威风出众。正南上旗牌官拿着销金令字旗，骤马而来，喝道："奉相公钧旨，教你两个俱各用心。如有亏误处，定行责罚！若是赢时，多有重赏！"二人得令，纵马出阵，都到教场中心。两马相交，二般兵器并举。索超忿怒，轮手中大斧，拍马来战杨志。杨志逞威，捻手中神枪，来迎索超。两个在教场中间，将台前面，二将相交，各赌平生本事。一来一往，一去一回，四条臂膊纵横，八只马蹄撩乱。但见：

征旗蔽日，杀气遮天。一个金蘸斧直奔顶门，一个浑铁枪不离心坎。这个是扶持社稷，毗沙门托塔李天王；那个是整顿江山，掌金阙天蓬大元帅。一个枪尖上吐一条火焰，一个斧刃中迸几道寒光。那个是七国中袁达重生，这个是三分内张飞出世。一个似巨灵神忿怒，挥大斧劈碎西华山；

一个如华光藏生嗔，仗金枪搠透锁魔关。这个圆彪彪睁开双眼，肮查查斜砍斧头来；那个必剥剥咬碎牙关，火焰焰摇得枪杆断。这个弄精神，不放些儿空；那个觑破绽，安容半点闲。

当下杨志和索超两个斗到五十余合，不分胜败。月台上梁中书看得呆了。两边众军官看了，喝采不迭。阵面上军士们递相厮觑道："我们做了许多年军，也曾出了几遭征，何曾见这等一对好汉厮杀！"李成、闻达在将台上不住声叫道："好斗！"闻达心里只恐两个内伤了一个，慌忙招呼旗牌官拿着令字旗，与他分了。将台上忽的一声锣响，杨志和索超斗到是处，各自要争功，那里肯回马。旗牌官飞来叫道："两个好汉歇了，相公有令。"杨志、索超方才收了手中军器，勒坐下马，各跑回本阵来。立马在旗下，看那梁中书，只等将令。李成、闻达下将台来，直到月台下禀复梁中书道："相公，据这两个武艺一般，皆可重用。"梁中书大喜，传下将令，叫唤杨志、索超。旗牌官传令，唤两个到厅前，都下了马。小校接了二人的军器。两个都上厅来，躬身听令。梁中书叫取两锭白银，两副表里来，赏赐二人。就叫军政司将两个都升做管军提辖使。

梁中书顺水推舟，干脆把索超也一起提拔了。这一招特别高明，很巧妙地把提拔某一个人，变成了提拔能力出众的一类人。这样，既让众人心服口服，又防止了杨志被孤立，还安抚了急先锋索超，可以说是三全其美的事情。至此，杨志的破格提拔才正式告一段落。

就像我们前边提到的，一个年轻人的破格提拔，关键不是提拔本身，而是如何做宣传和引导，让众人心服口服。梁中书可说做得很到位，他算是一个相当有经验、有想法的领导干部。

索超、杨志都拜谢了梁中书，将着赏赐下厅来。解了枪刀弓箭，卸了头盔衣甲，换了衣裳。索超也自去了披挂，换了锦袄。都上厅来，再拜谢了众军官，入班做了提辖。梁中书吩咐在演武厅上大排筵宴为二人贺功。

酒席一直吃到红日沉西，梁中书上了马，文武众将都跟随着出了校军场入东城门来，最前边的就是新任命的两个提辖官：急先锋索超和青面兽杨志。这时的杨志英姿飒爽意气风发，他身穿锦袍，披着红花，骑在高头大马上，被众人簇拥着。路边的百姓不断地喝彩，身边的军官们也不时投来羡慕的目光。杨志满心欢喜，就仿佛在梦中一样，脸上虽然还保持着惯有的严肃和镇静，但是那心里的滋味真的就像吃了蜜一样甜。

　　杨志此时并不知道，就在他为当上提辖官惊喜的时候，一场新的考验正在向他逼近，等待他的将是比以前更为跌宕起伏的人生遭遇。那么杨志能经得住考验吗？我们下一讲接着说。

能人未必能成事

在人力资源的课上，有学生跟我说，机遇到来的时候，只要能力和态度到位了，就肯定能把事情做好。我说，不一定，还得区分到底是一个人的事情还是一群人的事情。若是说一个人做事情，那就是三要素：能力＋态度＋机遇，机遇到来的时候，只要有能力、有态度，那事情就成了。

不过如果是一群人做事情，光有能力、态度还不够，一群人做事情有它自己固有的规律，还需要另外的东西。所以我们看到很多能人，单枪匹马做事情的时候，做得顺风顺水，但是如果让他做团队负责人，带着一群人去做事情，那问题就出来了。

比如杨志，他一个人完成任务肯定没问题，能力和态度都具备，你看大战林冲大战索超，打败周谨刀劈牛二，各种挑战任务都可以完成，既有武艺又有武德，能力和态度都没的说。那么杨志能把一个人的事情做得很漂亮，他能不能把一群人的事情也做得很漂亮呢？不一定。今天我们就来谈谈这个话题，一群人做事情，除了能力和态度，还需要什么。

🌀 细节场面：两拒梁中书

却说北京大名府梁中书，收买了十万贯庆贺生辰礼物完备，选日差人起程。当下一日在后堂坐下，只见蔡夫人问道："相公，生辰纲几时起程？"梁中书道："礼物都已完备，明后日便用起身。只是一件事在此踌躇未决。"蔡夫人道："有甚事踌躇未决？"梁中书道："上年费了十万贯收买金珠宝贝，送上东京去，只因用人不着，半路被贼人劫将去了，至今无获；今年帐前眼见得又没个了事的人送去，在此踌躇未决。"蔡夫人指着阶下道："你常说这个人十分了得，何不着他委纸领状送去走一遭，不致失误。"

梁中书看阶下那人时，却是青面兽杨志。梁中书大喜，随即唤杨志上厅说道："我正忘了你。你若与我送得生辰纲去，我自有抬举你处。"杨志叉手向前禀道："恩相差遣，不敢不依。只不知怎地打点？几时起身？"梁中书道："着落大名府差十辆太平车子，帐前拨十个厢禁监押着车，每辆车上各插一把黄旗，上写着'献贺太师生辰纲'。每辆车子再使个军健跟着。三日内便要起身去。"杨志道："非是小人推托，其实去不得。乞钧旨别差英雄精细的人去。"梁中书道："我有心要抬举你，这献生辰纲的札子内另修一封书在中间，太师跟前重重保你，受道敕命回来。如何倒生支调，推辞不去？"杨志道："恩相在上：小人也曾听得上年已被贼人劫去了，至今未获。今岁途中盗贼又多，甚是不好。此去东京，又无水路，都是旱路，经过的是紫金山、二龙山、桃花山、伞盖山、黄泥冈、白沙坞、野云渡、赤松林，这几处都是强人出没的去处。更兼单身客人，亦不敢独自经过。他知道是金银宝物，如何不来抢劫？枉结果了性命。以此去不得。"梁中书道："怎地时多着军校防护送去便了。"杨志道："恩相便差五百人去，也不济事。这厮们一声听得强人来时，都是先走了的。"梁中书道："你这般地说时，生辰纲不要送去了？"杨志又禀道："若依小人一件事，便敢送去。"梁中书道："我既委在你身上，如何不依你说。"杨志道："若依小人说时，并不要车子，把礼物都装做十余条担子，只做客人的打扮行货。也点十个壮健的厢禁军，却装做脚夫挑着。只消一个人和小人去，却打扮做客人，悄悄连夜送上东京交付。恁地时方好。"梁中书道："你甚说的是。我写书呈，重重保你，受道诰命回来。"杨志道："深谢恩相抬举。"

当日便叫杨志一面打拴担脚，一面选拣军人。次日，叫杨志来厅前伺候，梁中书出厅来问道："杨志，你几时起身？"杨志禀道："告复恩相，只在明早准行，就委领状。"梁中书道："夫人也有一担礼物，另送与府中宝眷，也要你领。怕你不知头路，特地再教奶公谢都管，并两个虞候，和你一同去。"杨志告道："恩相，杨志去不得了。"梁中书道："礼物都已拴缚完备，如何又去不得？"杨志禀道："此十担礼物都在小人身上，和他众人都由杨志，要早行便早行，要晚行便晚行，要住便住，要歇便歇，亦依杨志提调。如今又叫老都管并虞候和小人去，他是夫人行的人，又是太师府门下奶公，倘或路上与小人鳌拗起来，杨志如何敢和他争执得？若误了大事时，杨志那其间如何分说？"梁中书道："这个也容易，我叫他三个都听你提调便了。"杨志答道："若是如此禀过，小人情愿便委领状。倘有疏失，甘当重罪。"梁中书大喜道："我也不枉了抬举你，真个有见识。"随即唤老谢都管并两个虞候出来，当厅分付道："杨志提辖情愿委了一纸领状，监押生辰纲十一担金珠宝贝赴京，太师府交割，这干系都在他身上。你三人和他做伴去，一路上早起晚行住歇，都要听他言语，不可和他鳌拗。夫人处分付的勾当，你三人自理会。小心在意，早去早回，休教有失。"老都管一一都应了。

🌿 规律分析：站在结果上看问题

通过杨志两次说去不得，大家可以看出杨志是很精明的人。其实，这两次拒绝都不是真正的拒绝，而是用拒绝的方式向梁中书提条件。

第一次，杨志发现梁中书设计的押送方式不对，如果按他的方式，结局很有可能就是把山贼招来，再次失掉生辰纲。所以他通过拒绝，向梁中书提条件，要求改变押送方式。梁中书答应了。

第二次，杨志发现团队中有比自己资格老、地位高的人，如果这些人加入团队，自己的结局很可能就是权力被架空，无法实施有效指挥，所以杨志再次利用拒绝的方式，要求统一指挥，树立自己的唯一领导权。这一次梁中书也答应了，并且夸杨志有见识。

在解决了押送方式和领导权威两个关键问题之后，杨志才开始筹备前往东京汴梁的诸般事宜。通过两次拒绝，我们发现杨志善于思考问题，他掌握了一种非常有效的思维模式，就是站在结果上看问题。在开始做事情的时候，杨志就分析条件，判断种种结局，以结局的可能性来确定事情的可行性。

猪和鸡创业的故事

一天，一头猪和一只鸡在路上散步，这二位特别兴奋地谈到了创业的话题。鸡对猪说："嗨，我们合伙开一家餐馆怎么样？"猪回头看了一下鸡说："好主意，那你准备给餐馆起什么名字呢？"鸡想了想说："叫'火腿和鸡蛋'怎么样？""那可不行。"猪断然拒绝。鸡说："你真没有理想，开餐厅这是多好的项目啊。"猪说："你想得美，你就付出一个鸡蛋，就让我玩命啊。"这就是站在结果上看问题。

站在结果上看问题不光是一种合作方式，也是一种日常的思维模式，我们再看一个故事。

两位厨师洗脸的故事

两个厨师在厨房里烧炭，其中一个叫白马，他的脸没有被熏黑，雪白雪白的；另一个叫黑牛，他的脸就被炭熏黑了，乌黑乌黑的。烧完炭以后，两个人同时离开厨房，他们互相看了一眼，接下来请问大家，你猜猜是白马去洗脸呢，还是黑牛去洗脸？答案是白马，因为他看到的结果是黑牛脸很黑，就会想肯定自己脸也很黑，所以他就会去洗脸；相反，黑牛看到白马脸很白，结果他就会觉得自己脸也很白，所以他肯定就不去洗脸了。

很多人觉得黑牛脸黑，他就应该去洗脸，但实际上，在分析问题的时候我们经常发现，应该发生的事情常常不会发生。每次遇到"应该怎样"这类问题，我们都要启动站在结果看问题的思维，好好分析一下才行。

杨志是一个很有头脑的人，他在没有启程之前，就对押运方式、人员构成等因素做了综合分析。他的精明强干得到了梁中书的肯定，所以梁中书决定把押运生辰纲的千钧重担压在杨志的身上。杨志有能力、有态度，现在机遇出现了，按理说他的成功应该是水到渠成的。可事实上完全不是这么回事。杨志押运生辰纲去东京，这不是一个人行动，而是一个团队行动。如果是个人行动，比如梁中书派杨志怀揣十颗夜明珠去东京，那杨志肯定就成功了；但是偏偏押送生辰纲，不是杨志一个人能完成的，还需要一个团队，这个任务要一群人才能完成。

智慧箴言

大家注意，一个人做事情需具备三要素，能力、态度、机遇；而带领一群人做事情，光有能力和态度是不够的，还需要另外三个要素，一是目标可接受，二是方式可理解，三是任务可承担。

通俗地讲，就是领导设定的目标，手下人要接受和认可；领导选择的方式，手下人要理解和支持；领导分派的任务，手下人要能扛得住。能人不一定能管人，会做事的人不一定能带队伍。杨志要想完成任务，必须落实三个带队伍的基本策略才行。

策略一：沟通目标，确保在组织目标实现的同时实现个人目标

大家注意，梁中书在下达任务的时候，对杨志有三次明确的承诺。

第一次：唤杨志上厅说道："我正忘了你。你若与我送得生辰纲去，我自有抬举你处。"

第二次：梁中书道："我有心要抬举你，这献生辰纲的札子内另修一封书在中间，太师跟前重重保你，受道敕命回来。如何倒生支调，推辞不去？"

第三次：梁中书道："你甚说的是。我写书呈，重重保你，受道诰命回来。"

从这三次承诺来看，梁中书是个懂得带队伍诀窍的人。

一般来说，团队有三个目标：一个叫个人目标，一个叫集体目标，一个叫超级目标。比如《西游记》的取经团队，组织目标就是取到真经，超级目标是普度众生解放全人类，个人目标是每个人都能修成正果立地成佛。三个层面的目标结合在一起，才能引导团队顺利前进。

梁中书很有带队伍的经验，他非常注意把团队目标和个人目标结合在一起，一方面要求杨志押送生辰纲，一方面承诺完成了任务，会重重保举杨志。带队伍就应该这样，既要设定组织目标，又要让每个人都看到自己的美好未来，这是非常有效的管理方式。

但是，杨志就不像梁中书这样精通管理了，拿到任务之后，杨志是怎么做准备工作的呢？

《水浒传》原文写：次日早起五更，在府里把担仗都摆在厅前。老都管和两个虞候又将一小担财帛，共十一担，拣了十一个壮健的厢禁军，都做脚夫打扮。杨志戴上凉笠儿，穿着青纱衫子，系了缠带行履麻鞋，跨

口腰刀，提条朴刀。老都管也打扮做个客人模样。两个虞候假装做跟的伴当。各人都拿了条朴刀，又带几根藤条。

大家注意一个细节，杨志给每个下属都准备了一副担子，给自己准备的是几根藤条。这个藤条就暴露了杨志的问题，可以说，这几根藤条决定了生辰纲的未来。杨志准备藤条做什么用呢？肯定不是要搞手工编织，他准备藤条是为了打下属用的。为什么准备好几根呢？为的是打断了一根，可以有备用的续上。这就是杨志的管理模式和管理水平。概括起来一句话：先分任务再搞体罚，这是一种简单粗暴非常低效率的管理模式。我们可以形象地称为"担子+鞭子"模式。

你觉得它落后吧，可是即使在今天，仍有部分团队领导在继续用。我就亲眼见过这样的领导，从上级领到任务之后，用任务除以人头，每个人头上背几个指标，完不成就处罚，再完不成就开除。要是管理工作这样做就行了，那我们还要研究什么战略管理、营销管理、团队管理、组织行为？当领导的直接学会做乘除法不就行了？所以对于部分本土企业来说，在现代化管理方面，确实还有很多工作要做，很多问题要解决。

杨志的担子加鞭子的管理模式从执行的开始就遇到了问题，此时正是五月半天气。虽是晴明得好，只是酷热难行。杨志一不沟通二不交流，没有任何关怀或者激励，就是一根藤条非打即骂，搞得整个队伍怨声载道，满意度非常低。

杨志应该怎么做呢？在领受任务之后，他第一步要做的是像梁中书那样，先确立目标导向，保证组织目标是众人可接受的。杨志可以先强调集体目标是把生辰纲送到东京；再设置个人目标，告诉大家，到了东京汴梁，把护送的任务完成了，上级一定不会亏待大家，每个人都会得到提拔，并且有丰厚的赏赐。再加一句，这个任务做下来，咱们都是生死兄弟，兄弟们放心，有我杨某人的，就有大家的。

最后再来传播一个超级目标：兄弟们咱们一旦把这个任务完成了，咱们就会成为徒步走完东京路的第一批护送者，这是大宋朝还没有人做过的壮举，我们创造了历史，我们每个人在江湖上都会成为传奇。这是一件多么光荣的事情，一个男人这一辈子一定要做一件让自己感觉无比光荣的事情。讲完这些，手下的兄弟们一定会热血沸腾、跃跃欲试。

各位想想，如果杨志是这样沟通的，那团队是个什么状态？当兵的人肯定会特别配合。可惜的是，杨志缺乏这样的境界和眼光，他只有一颗火热的心和一些坚硬的藤条。其实，杨志此次押运生辰纲之行的成败，从他手里拿上那些藤条开始，就已经决定了。

什么叫管理悲剧，很多人拿着资源，抓住机遇，带着队伍，抱着一颗火热的心，可是从他动手的那一刻开始，他就已经失败了，这就叫管理悲剧。

策略二：沟通方式方法，确保工作方式是大家理解和接受的

杨志带着大家出了大名府。走了不远，这些当兵的就发现，杨志选择了一种相当奇怪的行军方式。

一行共是十五人，离了梁府，出得北京城门，取大路投东京进发。五里单牌，十里双牌。此时正是五月半天气，虽是晴明得好，只是酷热难行……杨志这一行人，要取六月十五日生辰，只得在路途上行。自离了这北京五七日，端的只是起五更趁早凉便行，日中热时便歇。五七日后，人家渐少，行客又稀。一站站都是山路。杨志却要辰牌起身，申时便歇。那十一个厢禁军，担子又重，无有一个稍轻。天气热了，行不得，见着林子便要去歇息。杨志赶着催促要行，如若停住，轻则痛骂，重则藤条便打，逼赶要行。两个虞候虽只背些包裹行李，也气喘了行不上。杨志也嗔道："你两个好不晓事！这干系须是俺的！你们不替洒家打这夫子，却在背后也慢慢地挨。这路上不是要处。"那虞候道："不是我两个要慢走，其实热了行不动，因此落后。前日只是趁早凉走，如今怎地正热里要行？正是好歹不均匀。"杨志道："你这般说话，却似放屁。前日行的须是好地面，如

今正是尴尬去处。若不日里赶过去，谁敢五更半夜走？"两个虞候口里不道，肚中寻思："这厮不直得便骂人。"

杨志的行军方式是有道理的，但是手下人不理解，希望杨志解释一下。杨志不但不解释，还把手下人臭骂一顿。这样做是非常不应该的。

一个成年人在做事情的时候，他内心往往是希望自己的行为完全在自己的掌控之中，而不是闭着眼睛被人随意安排。所以遇到想不通的不理解的事情，就要问，问不明白看不清楚，就选择不接受。尤其是在完成挑战性任务的时候，这种自主倾向特别明显。而杨志作为一个领导者，他没有尊重手下的感受，没有进行必要的解释和说明。这种行为风格是完全错误的。

尤其是在现代社会，学会尊重别人的自主权已经是教育和管理领域中的一件非常重要的事情。强权领导、高压管理的效果正在变得越来越差。

最近有一个领导跟我说："哎呀，现在这年轻人越来越难管了。"其实不存在好管或难管，问题的本质是管理模式匹不匹配。在我们这个信息时代、互联网社会，年轻人的自主性、独立意识越来越强，所以管理的力量将来自强化自主权，而不是剥夺或削弱自主权。一定不能强势指挥，包办代替。该由谁做的决定，就得由他自己做，该由谁负的责任，就得让他自己负，只有这样，效果才会更好。

一般来说，强化自主权的语言是这样的腔调：我觉得这是个好主意，建议你参考一下；两个方案各有利弊，最终决定在你；如果换成是我，这件事我会这么做，效果会不错，你想一想是不是？那么剥夺自主权的语言呢，有以下的类型：我觉得傻瓜和笨蛋才会像你这么做；我以为你会想到这个问题；你自己的事自己做主；你得对自己负责任；看来我们上次谈话对你有效果啊。这种表达表面上强势，但实际上会降低管理的力量。

根据尊重自主权调动积极性的原理，当下属向杨志提问的时候，杨志应该充分解释、认真回答，但他在这方面做得相当差，可以说押送生辰纲的故事是高压管理必然失败的一个典型例证。

策略三：沟通工作量，确保日常工作量是大家能够承担的

每次看到杨志押送生辰纲这一节，我脑中都浮现出这样的场景。

七月一个火热的中午，太阳像个大火球炙烤着大地，草木都晒蔫了，路边的石头都晒得滚烫。在崎岖的山路上，前后走来十几条大汉，个个光着膀子，每人肩上都担着百十斤的担子，汗流浃背气喘吁吁。很多人身上都晒得脱了皮，嘴上全是火泡。有个彪形大汉拿着藤条走在行列当中，要是有哪个人稍微慢了一点，立刻藤条就会没头没脸地抽过来。一想到这里，就特别同情那些押送生辰纲的士兵。

我一直在想，其实杨志可以多带十几个军士，另外还可以带点骡马什么的。这样士兵们担子可以轻一些，也就不会有那么多怨气，也不会体力透支，半路上非要歇在黄泥岗上。在完全可以预料到天气炎热、山路难行的情况下，给每个士卒分配的工作量过重，这也是导致生辰纲被劫的一个重要因素。一个团队负责人在安排工作量的时候，一定要保证是下属能够承担的，日常工作持续过量，会导致事故风险上升和满意度持续下降。这些也都是杨志没有想到的，他太关注指标任务的完成，忽略了下属的感受。

《论语》当中有一句古老的格言："己所不欲，勿施于人。"自己不想承担的，也不应该强加在别人身上，这是为人处世的基本常识。大家看看我们身边，有很多聪明人，有很多高级想法、高级思路，但是他们往往忽略常识，在常识问题上犯严重的错误，结果一败涂地。聪明到忽略常识，这就是很多聪明人失败的根源所在。

当领导要懂得换位思考，多想想手下人的感受，这是一条常识经验，却被杨志忽略了。当一个掌握权力的人不考虑手下人疾苦的时候，人们就会寻找第二个权力中心。这件事在杨志的队伍里也发生了。

当日行到申牌时分，寻得一个客店里歇了。那十个厢禁军雨汗通流，都叹气吹嘘，对老都管说道："我们不幸做了军健，情知道被差出来。这般火似热的天气，又挑着重担。这两日又不拣早凉行，动不动老大藤条打

来。都是一般父母皮肉，我们直恁地苦！"老都管道："你们不要怨怅，巴到东京时，我自赏你。"众军汉道："若是似都管看待我们时，并不敢怨怅。"又过了一夜。次日，天色未明，众人跳起来趁早凉起身去。杨志跳起来喝道："那里去！且睡了，却理会。"众军汉道："趁早不走，日里热时走不得，却打我们。"杨志大骂道："你们省得甚么！"拿了藤条要打。众军忍气吞声，只得睡了。

大家看看，这个领导方式，不沟通、不交流、不关心，只管一通乱打。这个架势不出问题才怪呢。

似此行了十四五日，那十四个人，没一个不怨怅杨志。当日客店里，辰牌时分，慢慢地打火吃了早饭行。正是六月初四时节，天气未及晌午，一轮红日当天，没半点云彩……当日行的路，都是山僻崎岖小径，南山北岭。却监着那十一个军汉，约行了二十余里路程。那军人们思量要去柳阴树下歇凉，被杨志拿着藤条打将来，喝道："快走！教你早歇。"众军人看那天时，四下里无半点云彩……

杨志催促一行人在山中僻路里行。看看日色当午，那石头上热了，脚疼走不得。众军汉道："这般天气热，兀的不晒杀人。"杨志喝着军汉道："快走！赶过前面冈子去，却再理会。"正行之间，前面迎着那土冈子。众人看这冈子时，但见：

顶上万株绿树，根头一派黄沙。嵯峨浑似老龙形，险峻但闻风雨响。山边茅草，乱丝丝攒遍地刀枪；满地石头，磕可可睡两行虎豹。休道西川蜀道险，须知此是太行山。

当时一行十五人奔上冈子来，歇下担仗，那十四人都去松阴树下睡倒了。杨志说道："苦也！这里是甚么去处，你们却在这里歇凉！起来，快走！"众军汉道："你便剁做我七八段，其实去不得了。"杨志拿起藤条，劈头劈脑打去。打得这个起来，那个睡倒。

当管理方式得不到下属认可的时候，一定会有人站出来挑战权威。而且杨志这个队伍当中，有一个人非常有资历和本钱挑战杨志，这个人就是老都管。论起年龄、阅历、身份、背景，杨志都不是他对手。

看这杨志打那军健，老都管见了，说道："提辖，端的热了走不得，休见他罪过。"杨志道："都管，你不知，这里正是强人出没的去处，地名叫做黄泥冈。闲常太平时节，白日里兀自出来劫人，休道是这般光景，谁敢在这里停脚！"两个虞候听杨志说了，便道："我见你说好几遍了，只管把这话来惊吓人。"老都管道："权且教他们众人歇一歇，略过日中行如何？"杨志道："你也没分晓了，如何使得！这里下冈子去，兀自有七八里没人家。甚么去处，敢在此歇凉！"老都管道："我自坐一坐了走，你自去赶他众人先走。"杨志拿着藤条喝道："一个不走的，吃俺二十棍。"众军汉一齐叫将起来。数内一个分说道："提辖，我们挑着百十斤担子，须不比你空手走的。你端的不把人当人！便是留守相公自来监押时，也容我们说一句。你好不知疼痒，只顾逞办！"杨志骂道："这畜生不断死俺，只是打便了。"拿起藤条，劈脸便打去。老都管喝道："杨提辖且住，你听我说。我在东京太师府里做奶公时，门下官军见了无千无万，都向着我喏喏连声。不是我口浅，量你是个遭死的军人，相公可怜，抬举你做个提辖，比得草芥子大小的官职，直得恁地逞能。休说我是相公家都管，便是村庄一个老的，也合依我劝一劝，只顾把他们打，是何看待！"杨志道："都管，你须是城市里人，生长在相府里，那里知道途路上千难万难。"老都管道："四川、两广也曾去来，不曾见你这般卖弄。"杨志道："如今须不比太平时节。"都管道："你说这话该剜口割舌，今日天下怎地不太平？"

杨志在口舌上根本说不过老都管，士兵们也支持老都管反对杨志，所以杨志面临着一种经典的局面，就是管理失效、权力被否定、下属不听指挥。

这种局面直接导致了后来丢掉生辰纲。追根溯源，这种局面的造成，最主要的原因是杨志自己不懂管理，没有和手下人进行充分的沟通，不顾下属感受，一味简单粗暴。

确定正确的目标，找到适合的方法，只是完成了任务的一半；另一半是和下属充分沟通，大家心往一处想，劲往一处使，齐心协力往前走。在这方面，杨志还差得很远。

接下来就是晁盖、吴用、三阮、刘唐、白胜这些英雄好汉智劫生辰纲的精彩场面了。

发现树林里有七个卖枣的。杨志却待再要回言，只见对面松林里影着一个人，在那里舒头探脑家望。杨志道："俺说甚么，兀的不是歹人来了！"撇下藤条，拿了朴刀，赶入松林里来，喝一声道："你这厮好大胆，怎敢看俺的行货！"只见松林里一字儿摆着七辆江州车儿，七个人脱得赤条条的在那里乘凉。一个鬓边老大一搭朱砂记，拿着一条朴刀，望杨志跟前来。七个人齐叫一声："呵也！"都跳起来。杨志喝道："你等是甚么人？"那七人道："你是甚么人？"杨志又问道："你等莫不是歹人？"那七人道："你颠倒问，我等是小本经纪，那里有钱与你！"杨志道："你等小本经纪人，偏有大本钱。"那七个人问道："你端的是甚么人？"杨志道："你等且说那里来的人？"那七人道："我等弟兄七人，是濠州人，贩枣子上东京去，路途打从这里经过。听得多人说，这里黄泥冈上如常有贼打劫客商。我等一面走，一头自说道：我七个只有些枣子，别无甚财赋，只顾过冈子来。上得冈子，当不过这热，权且在这林子里歇一歇，待晚凉了行。只听得有人上冈子来。我们只怕是歹人，因此使这个兄弟出来看一看。"杨志道："原来如此，也是一般的客人。却才见你们窥望，惟恐是歹人，因此赶来看一看。"那七个人道："客官请几个枣子了去。"杨志道："不必。"提了朴刀，再回担边来。老都管道："既是有贼，我们去休。"杨志说道："俺只道是歹人，原来是几个贩枣子的客人。"

山下来了一个买酒的。杨志也把朴刀插在地上，自去一边树下坐了歇凉。没半碗饭时，只见远远地一个汉子，挑着一付担桶，唱上冈子来。唱道：

"赤日炎炎似火烧，野田禾稻半枯焦。

农夫心内如汤煮，楼上王孙把扇摇。"

　　那汉子口里唱着，走上冈子来，松林里头歇下担桶，坐地乘凉。众军看见了，便问那汉子道："你桶里是甚么东西？"那汉子应道："是白酒。"众军道："挑往那里去？"那汉子道："挑去村里卖。"众军道："多少钱一桶？"那汉子道："五贯足钱。"众军商量道："我们又热又渴，何不买些吃？也解暑气。"正在那里凑钱。杨志见了，喝道："你们又做甚么？"众军道："买碗酒吃。"杨志调过朴刀杆便打，骂道："你们不得酒家言语，胡乱便要买酒吃，好大胆！"众军道："没事又来鸟乱。我们自凑钱买酒吃，干你甚事？也来打人。"杨志道："你这村鸟理会的甚么！到来只顾吃嘴，全不晓得路途上的勾当艰难。多少好汉，被蒙汗药麻翻了。"那挑酒的汉子看着杨志冷笑道："你这客官好不晓事，早是我不卖与你吃，却说出这般没气力的话来。"

　　卖枣的客商吃酒吃得很爽。正在松树边闹动争说，只见对面松林里那伙贩枣子的客人，都提着朴刀走出来问道："你们做甚么闹？"那挑酒的汉子道："我自挑这酒过冈子村里卖，热了在此歇凉。他众人要问我买些吃，我又不曾卖与他。这个客官道我酒里有甚蒙汗药。你道好笑么？说出这般话来！"那七个客人说道："我只道有歹人出来，原来是如此，说一声也不打紧。我们倒着买一碗吃。既是他们疑心，且卖一桶与我们吃。"那挑酒的道："不卖，不卖！"这七个客人道："你这鸟汉子也不晓事，我们须不曾说你。你左右将到村里去卖，一般还你钱。便卖些与我们，打甚么不紧。看你不道得舍施了茶汤，便又救了我们热渴。"那挑酒的汉子便道："卖一桶与你不争，只是被他们说的不好。又没碗瓢舀吃。"那七人道："你这汉子忒认真，便说了一声打甚不紧。我们自有椰瓢在这里。"只见两个客人去车子前取出两个椰瓢来，一个捧出一大捧枣子来。七个人立在桶边，开了桶盖，轮替换着舀那酒吃，把枣子过口。无一时，一桶酒都吃尽了。

　　妙处全在瓢里边。七个客人道："正不曾问得你多少价钱？"那汉道："我一了不说价，五贯足钱一桶，十贯一担。"七个客人道："五贯便依你五贯，只饶我们一瓢吃。"那汉道："饶不的。做定的价钱。"一个客人把钱还他，一个客人便去揭开桶盖，兜了一瓢，拿上便吃。那汉去夺时，这客人手拿半瓢酒，望松林里便走，那汉赶将去。只见这边一个客人从松林里走将出来，手里拿一个瓢，便来桶里舀了一瓢酒。那汉看见，抢来匹手夺住，望桶里一倾，便盖了桶盖，将瓢望地下一丢。本来两桶酒都是没有下药的，这时候瓢里边已经放了蒙汗药，往桶里一涮，那桶里的酒就全部混了蒙汗药了。

　　见卖枣客人吃了没事，众军汉也一定要吃。那对过众军汉见了，心内痒起来，都待要吃。数中一个看着老都管道："老爷爷，与我们说一声。那卖枣子的客人买他一桶吃了，我们胡乱也买他这桶吃，润一润喉也好。其实热渴了，没奈何，这里冈子上又没讨水吃处。老爷方便！"老都管见众军所说，自心里也要吃得些，竟来对杨志说："那贩枣子客人已买了他一桶酒吃，只有这一桶，胡乱教他们买了避暑气。冈子上端的没处讨水吃。"杨志寻思道："俺在远远处望，这厮们都买他的酒吃了，那桶里当面也见吃了半瓢，想是好的。打了他们半日，胡乱容他买碗酒吃罢。"杨志道："既然老都管说了，教这厮们买吃了便起身。"众军健听了这话，凑了五贯足钱来买酒吃。那卖酒的汉子道："不卖了，不卖了！"便道："这酒里有蒙汗药在里头。"众军陪着笑说道："大哥，直得便还言语。"那汉道："不卖了，休缠！"这贩枣子的客人劝道："你这个鸟汉子，他也说得差了，你也忒认真，连累我们也吃你说了几声。须不关他众人之事，胡乱卖与他众人吃些。"那汉道："没事讨别人疑心做甚么。"这贩枣子客人把那卖酒的汉子推开一边，只顾将这桶酒提与众军去吃。那军汉开了桶盖，无甚舀吃，陪个小心，问客人借这椰瓢用一用。众客人道："就送这几个枣子与你们过酒。"众军谢道："甚么道理。"客人道："休要相谢，都是一般客人，何争在这百十个枣子上。"众军谢了，先兜两瓢，叫老都管吃一瓢，杨提辖吃一瓢。杨志那里肯吃。老都管自先吃了一瓢。两个虞候各吃一瓢。众军汉一发上，那桶酒登时吃尽了。杨志见众人吃了无事，自本不吃，一者天气甚热，二乃口渴难熬，拿起来，只吃了一半，枣子分几个吃了。那卖酒的汉子说道："这桶酒吃那客人饶两瓢吃了，少了你些酒。我今饶了你众人半贯钱罢。"众军汉把钱还他。那汉子收了钱，挑了空桶，依然唱着山歌，自下冈子去了。

只见那七个贩枣子的客人，立在松树傍边，指着这一十五人说道："倒也！倒也！"只见这十五个人，头重脚轻，一个个面面厮觑，都软倒了。那七个客人从松树林里推出这七辆江州车儿，把车子上枣子都丢在地上，将这十一担金珠宝贝，却装在车子内，叫声："聒噪！"一直望黄泥冈下推了去。杨志口里只是叫苦，软了身体，扎挣不起。十五人眼睁睁地看着那七个人都把这金宝装了去。只是起不来，争不动，说不的。

我且问你：这七人端的是谁？不是别人，原来正是晁盖、吴用、公孙胜、刘唐、三阮这七个。却才那个挑酒的汉子，便是白日鼠白胜。却怎地用药？原来挑上冈子时，两桶都是好酒。七个人先吃了一桶。刘唐揭起桶盖，又兜了半瓢吃，故意耍他们看着，只是叫人死心搭地。次后，吴用去松林里取出药来，抖在瓢里，只做赶来饶他酒吃，把瓢去兜时，药已搅在酒里，假意兜半瓢吃，那白胜劈手夺来，倾在桶里。这个便是计策。那计较都是吴用主张。这个唤做"智取生辰纲"。

有句俗话叫"苍蝇不叮无缝的蛋"。其实，杨志丢了生辰纲的一个很重要的原因是管理方式简单粗暴，团队内部出现了分歧和矛盾，上下级之间应该有的理解信任都没有了，整个团队怨气冲天、士气低落，根本谈不上什么协调配合，所以最后给了晁盖、吴用等人可乘之机。

从这一点来说，丢生辰纲，杨志作为团队领导确实要负主要责任。他是一个精明强干的好汉，但是他确实没有具备一个带头人应该具备的头脑和思路。之前他丢了花石纲，也属于类似的情况。

在黄河里翻船一次，在黄泥岗又翻船一次，恐怕这两次重大失败都和杨志不善于带队伍、沟通方式简单粗暴有很大的关系。一个人的成功原因可能有两条：一是做正确的事情，二是正确地做事情。我们身边有很多能人，他们属于善于做正确的事情，方向把握得很好，形势判断很清楚。但是不会正确地做事情，在沟通协调方面存在很大问题，不会带队伍，最后非常遗憾地倒在通往成功的路上。我们把这种人称为有能力但是没能量的人，他只能引导自己，无法带领他人。杨志就是这种类型。

这下生辰纲丢了，杨志发觉没办法去东京见蔡太师交差了，无奈之下只好弃了官职再次远走他乡。流亡的路上，杨志巧遇林冲的徒弟操刀鬼曹正，曹正建议杨志去附近的二龙山入伙。此时的杨志已经没有别的路可以选择，他只好硬着头皮去二龙山入伙。结果在山下巧遇了一个胖大的和尚，两个人话不投机当场动手。结果，打了一个棋逢对手、平分秋色。互通名姓才知道，这个和尚就是大相国寺的花和尚鲁智深，他因护送林冲的事情被解差向高俅做了报告，所以在大相国寺无法安身，也流落到二龙山下。鲁智深向杨志讲述了自己要上山入伙、被寨主邓龙断然拒绝的过程。后来在曹正的帮助下，鲁智深和杨志杀死邓龙夺了二龙山。到此为止，两个英雄终于都有了落脚之地。

鲁智深和杨志是两种类型的英雄。鲁智深是一副热心肠想帮别人，帮来帮去帮得自己走投无路；杨志是一心想成全自己，结果成来成去也是走投无路，最后占山为王，可以说两人是殊途同归。在这两个人的身上，我们可以学到很多经验，也可以发现一些值得思考的问题。

在"英雄是怎样炼成的"这个主题之下，我们讲了九纹龙史进、豹子头林冲、花和尚鲁智深和青面兽杨志这几位英雄的成长故事。在这些虚构的人物身上，有一些真实的生活经验值得我们去学习。我们运用组织行为学、管理心理学和博弈论给大家分析小说中的这些人物，目的只有一个，就是借鉴经验学习知识，从别人的精彩当中创造自己的精彩，从别人的失败当中避免自己的失败。

《水浒智慧》第二部的内容到此就全部结束了。接下来，我们给各位准备了第三部"好汉的成长故事"、第四部"梁山能人启示录"。敬请期待。

出版说明

　　本书以作者在CCTV-10《百家讲坛》所作同名讲座为基础整理润色而成，并保留了作者在讲座中的口语化风格。